JN234390

マンガでわかる
シーケンス制御

藤瀧 和弘／著　高山 ヤマ／作画　トレンド・プロ／制作

Ohmsha

本書に掲載されている会社名・製品名は，一般に各社の登録商標または商標です．

本書を発行するにあたって，内容に誤りのないようできる限りの注意を払いましたが，本書の内容を適用した結果生じたこと，また，適用できなかった結果について，著者，出版社とも一切の責任を負いませんのでご了承ください．

本書は，「著作権法」によって，著作権等の権利が保護されている著作物です．本書の複製権・翻訳権・上映権・譲渡権・公衆送信権（送信可能化権を含む）は著作権者が保有しています．本書の全部または一部につき，無断で転載，複写複製，電子的装置への入力等をされると，著作権等の権利侵害となる場合があります．また，代行業者等の第三者によるスキャンやデジタル化は，たとえ個人や家庭内での利用であっても著作権法上認められておりませんので，ご注意ください．

本書の無断複写は，著作権法上の制限事項を除き，禁じられています．本書の複写複製を希望される場合は，そのつど事前に下記へ連絡して許諾を得てください．
出版者著作権管理機構
（電話 03-5244-5088, FAX 03-5244-5089, e-mail: info@jcopy.or.jp）

JCOPY ＜出版者著作権管理機構 委託出版物＞

● まえがき ●

　現代社会において、自動制御を使った機器はあらゆる分野で活躍しています。電気洗濯機やエアコンなど、身近な家電製品にも自動制御回路が組み込まれ、私たちの暮らしを快適で便利なものにしています。また、工場の生産ラインでも、機械の自動化が省力化に大きく貢献しています。ビルのエレベーターや交差点の信号機にも自動制御が使われています。このように、私たちの暮らしに、自動制御は必要不可欠なものとなっています。

　自動制御にはいくつかの方式がありますが、その中でも信号機やエレベーターなどに使われるシーケンス制御は、最も基本となるものです。実際の制御ではマイコンによるものも多く使われていますが、初めてシーケンス制御を学ぶには、電磁リレーによる制御からはじめるのがいいでしょう。また、シーケンス制御の動作を理解するには、シーケンス図を見て、実際の動作をイメージできるようにすることが大切で、そのためには、シーケンス図を見るだけでなく、制御回路の配線を実際に体験するのが有効な手段です。

　本書では、マンガの登場人物カイ君に、実際に電磁リレーを使った基本的なシーケンス回路を配線してもらいました。配線シーン作画にあたり、マンガ制作担当の株式会社トレンド・プロ様には、電磁リレーなど、実物を使って実際に回路を作って頂きました。みなさんもカイ君と一緒に実際の配線を体験し、シーケンス制御回路の配線がどのようなものであるか実感して下さい。きっとシーケンス制御に興味が持てると思います。

　本書の制作にあたり、作画を担当された高山ヤマ様、制作を担当された株式会社トレンド・プロの皆様に深く感謝致します。また、私に執筆の機会を与えて下さった株式会社オーム社開発部の皆様に心からお礼申し上げます。

2008年10月

藤　瀧　和　弘

目　　次

プロローグ　ひきこもりとおせっかい　　1

第1章　制御　　9
　　手動制御と自動制御 …………………………………14
　　電気回路と制御回路 …………………………………17
　　接点の働き ……………………………………………21
　　接点の種類 ……………………………………………23
　フォローアップ ………………………………………27
　　自動制御とは …………………………………………27
　　制御回路の基本 ………………………………………30
　　接点の基本形とその働き ……………………………32

第2章　シーケンス制御　　37
　　シーケンス制御 ………………………………………40
　　フィードバック制御で動く機器 ……………………44
　フォローアップ ………………………………………49
　　全自動洗濯機に見るシーケンス制御 ………………49
　　エアコンとフィードバック制御 ……………………52

第3章　制御に使う様々な機器　　57
　　押しボタンスイッチ …………………………………60
　　トグルスイッチ ………………………………………61
　　セレクタスイッチ ……………………………………63
　　マイクロスイッチ ……………………………………64
　　電磁リレーとは ………………………………………66

タイマとは ……………………………………………………… 68
　フォローアップ ………………………………………………………… 75
　　　命令用機器 ……………………………………………………… 75
　　　検出用機器 ……………………………………………………… 78
　　　制御操作用機器 ………………………………………………… 80
　　　表示用機器と警報用機器 ……………………………………… 87

第4章　シーケンス図の描き方　　89

　　縦描きと横描き …………………………………………………… 93
　　機器を表す文字記号 ……………………………………………… 96
　　接続箇所の表し方と実際の接続 ………………………………… 98
　　シーケンス図を読みやすくする ………………………………… 100
　フォローアップ ………………………………………………………… 105
　　　シーケンス図の描き方の基本 ………………………………… 105
　　　シーケンス図と文字記号 ……………………………………… 105
　　　制御機器端子記号 ……………………………………………… 109
　　　シーケンス図の位置参照方式 ………………………………… 109
　　　シーケンス図の読み方 ………………………………………… 111
　　　シーケンス回路の故障原因の見つけ方 ……………………… 113

第5章　接点と論理回路　　115

　　デジタルとは ……………………………………………………… 118
　　論理回路とは ……………………………………………………… 122
　フォローアップ ………………………………………………………… 138
　　　2値信号 ………………………………………………………… 138
　　　基本的な論理回路 ……………………………………………… 139
　　　論理回路を表す図記号 ………………………………………… 143
　　　NAND回路からAND、OR、NOT回路を作る ……………… 146

第6章　リレーシーケンスの基本回路　149

　　表示灯を消す回路……………………………155
　　回答者が2人の場合…………………………156
　　回答者が3人の場合…………………………160
　　タイムチャートとは…………………………163
　　実際に配線してみる…………………………170
　　エレベーターの基本回路……………………179
　フォローアップ…………………………………185
　　基本回路とタイムチャート…………………185
　　タイマを使った時限動作回路………………189
　　順序動作回路…………………………………190
　　モータの運転停止回路………………………192

索　引　198

プロローグ
ひきこもりとおせっかい

僕が越してきたマンション
「エスポワール」
"希望"とは名ばかりで
ボロいマンションです

で、

その分
家賃も
安めだった
けど…

なぜかエレベーターは
ずっと故障中みたい

プロローグ●ひきこもりとおせっかい

どうも…
じゃ
あ、ちょっと待っ…
かわいい…
…て！
じゃなくて！
ってか
君が大家さん？
家族は？
私が大家です
一人暮らし…
勝手に入ってきて…
追い出しますよ？

すみません！
でも…
エレベーター！
そうそう！
直さないんですか？

それは皆さん納得の上で入居されてるはずですが

そうみたいですけど…
最上階に住んでる大家さんだって不便でしょ？

直す必要なんてありません

私ここから出ませんし…！

ここから出ないって…
外に出ないってことですか！？

はい
出る必要ありませんし

出たいとも思いません

この人、
もしかして
ひきこもり！？

ひきこもり大家なのか！？

でもでも
法律的にも問題
あるんじゃないですか？
そういうの…

書類上は
問題ありません

それは
それで…

きっとずっと
ひきこもってるから
こんなにひねくれて…
僕がどうにか
してあげねば！！

そんなんじゃいけません！

!?

エレベーターを直して…
外の世界へ
飛び出しましょう！！

にぱー

?

この人
おせっかい
ね…

飛び出ません！
それにエレベーターは
制御回路が壊れているだけです
そんなに直したかったら
ご自由に…！
制御回路？
このエレベーターは
シーケンス制御
によって動いているのです
制御回路はそれを
制御するものです
屋上の機械室の
中にあります
シーケンス
制御？
？
あのー
何も知らないのね…
めんどくさい人…

スッ

エレベーターは通路の
スイッチを押すと
その階にきて扉が開く
一定時間経つと扉が閉まる
そして行き先のボタンを押すと
その階まで動き、停止し扉を開く

そういう風に
各段階で決められた
動作をする一連の流れを
制御する仕組みのこと

「あらかじめ決められた
順序で制御の各段階を
進めていく仕組み」
のこと…

？

それの回路が
壊れてるって
ことですね！

わかりました！
僕が勉強して
直します！
大丈夫！
手先は器用な
方なんで！

だから直ったら
外に
出かけましょうね！

その前に

う、

あなたを
追い出し
ますよ？

第1章
制御

ピンポーン♪

またあなたですか

こないだのシーケンス制御教えてくださいよ〜詳しいんでしょ？エレベーターは僕が直しますから

なんで私が教えなきゃ…

ん？その手にさげてるものは、まさか…

雛五屋(ひなごや)のいちご大福！一緒に食べません？ギブアンドテイク！

この男…！

ゴクリ

仕方ありませんね…

じゃ

おじゃましますよ——…と

すごい
本がたくさん…
好きなんですか
読書?

…まぁ

だから詳しいん
ですねー
機械のこととかも

第1章●制御

にしても散らかりすぎと
思うけど…
ん?
あれ?
変なことしてたら追い出す以前に
警察呼びますよ!?
かぁー
すみません…
じゃあ
必要なものは
全部ネット
通販で?
もぐ
もぐ
♡
そう!
ゴミも業者さんに
この階まで引き取りに
きてもらってます…
その上家賃収入とネットトレードで
収入も問題なし…
確かに本当に外出しなくても
生活できちゃうんだなー

でも!!!
雛五屋のいちご大福は
ネットじゃ
買えないですよね!?

そう!

大好きだった
この
いちご大福も
何年も
食べて
なかった…

で、
私のことを
聞きにきたんじゃ
ないんでしょう?

あ
はいはい!
シーケンス
制御です!

基本的なことから
話さなくてはなりませんね!

その言葉の
意味も
知らないようでは

お願いします!

第1章●制御 13

手動制御と自動制御

このようにある目的に適合するように対象物に所要の操作をすることを『制御』といいます

私たちは部屋を明るくするために照明のスイッチを入れて照明を点灯したり

テレビを観るためにリモコンを操作してテレビをつけます

つまり

スイッチを入れたり切り替えたりすることですか？

簡単にいえばね

制御は大きく分けて『手動制御』と『自動制御』があります

照明のスイッチを入り切りするような人の手で行う制御を手動制御といいます

一方、明るさなどを検知する機器を使ってスイッチが自動的に作動するような制御を自動制御といいます

なるほど

第1章●制御

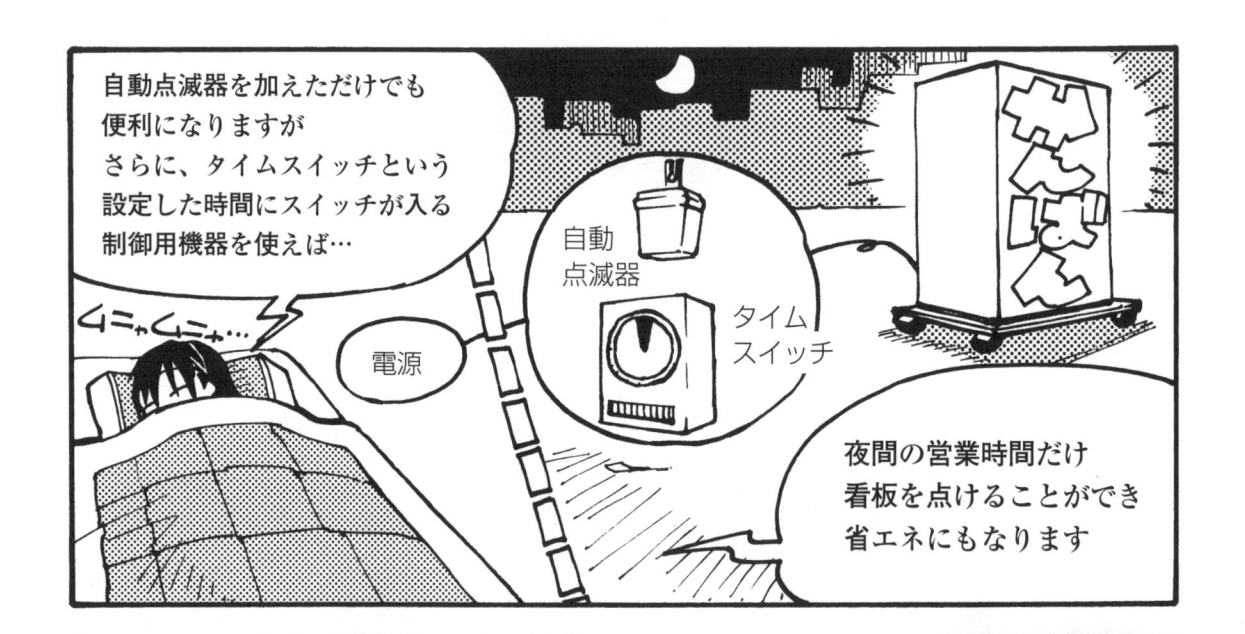

自動点滅器を加えただけでも便利になりますが
さらに、タイムスイッチという設定した時間にスイッチが入る制御用機器を使えば…

自動点滅器

電源

タイムスイッチ

夜間の営業時間だけ看板を点けることができ省エネにもなります

エコですね！
地球のことも
思いやる！

もちろん
看板に限らず
自動制御で
作動する機械は
たくさん
使われています

洗濯機、
エアコン等の
家電製品を
はじめ…

街中には
自動販売機や
信号機、
ビルには
エレベーター、
さらに
工場の製造ライン
にも使われています！

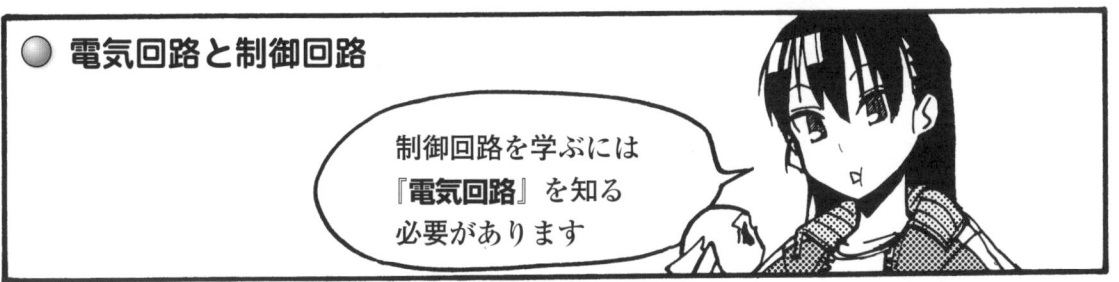

そう考えると制御との距離がぐっと近くなりますねー！

制御との距離って…

電気回路と制御回路

制御回路を学ぶには『電気回路』を知る必要があります

電気回路…ですか

電気の通り道のことで単に『回路』ともいいます

乾電池に豆電球を電線でつなぎ、途中にスイッチをつなげば簡単な電気回路の出来上がり！

乾電池　スイッチ　豆電球

この回路はスイッチ操作で豆電球を点滅することができるので『制御回路』の1つです

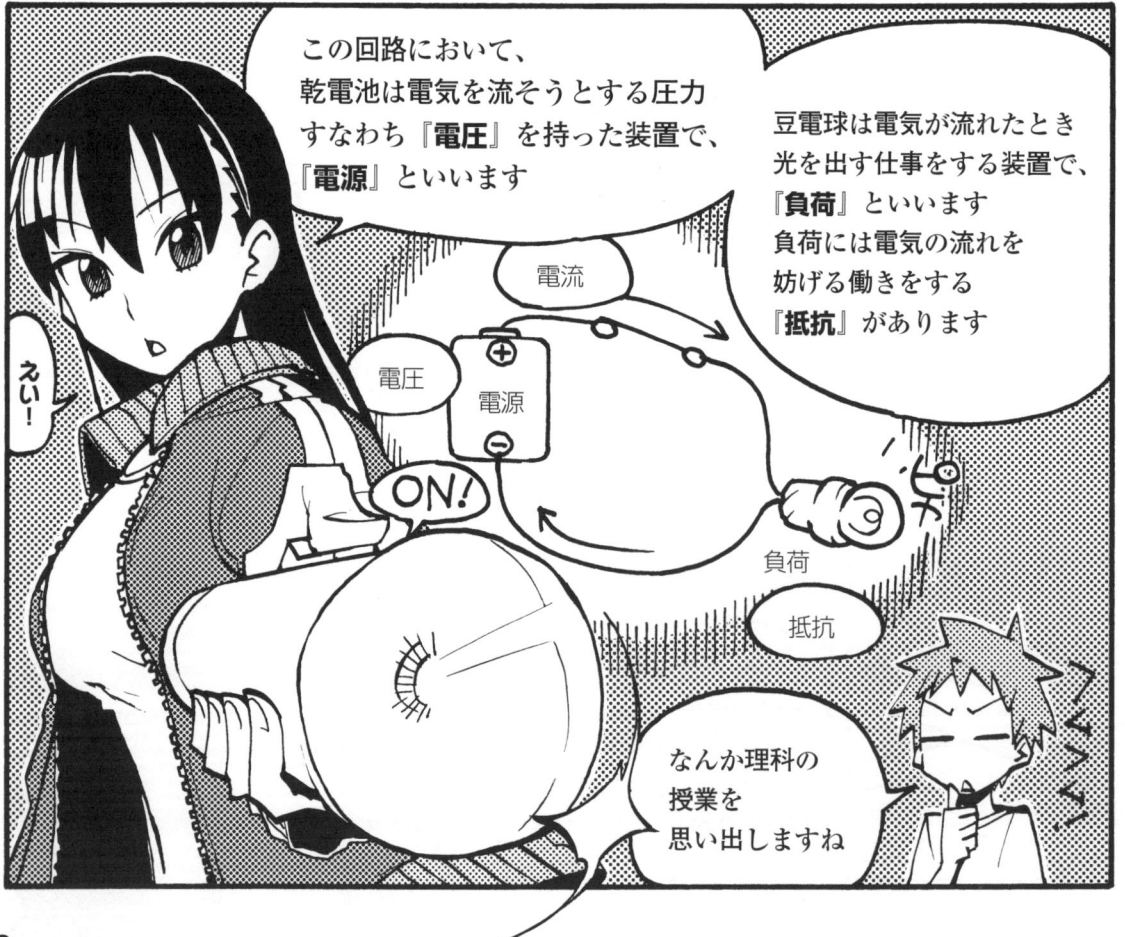

懐中電灯なんかも中身は立派な制御回路なんですねー

パッ

そうやって、また勝手に人(ひとんち)の家のものをいじらない…

スミマセン.

この回路において、乾電池は電気を流そうとする圧力すなわち『電圧』を持った装置で、『電源』といいます

豆電球は電気が流れたとき光を出す仕事をする装置で、『負荷』といいます
負荷には電気の流れを妨げる働きをする『抵抗』があります

電流

電圧 電源

負荷

抵抗

えい！

ON！

なんか理科の授業を思い出しますね

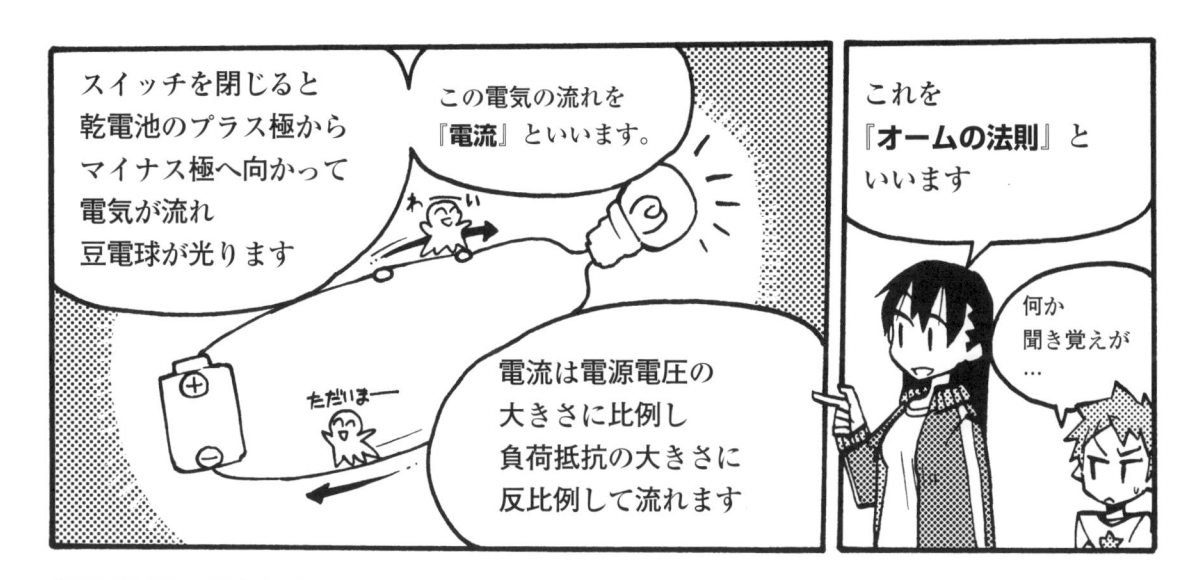

スイッチを閉じると乾電池のプラス極からマイナス極へ向かって電気が流れ豆電球が光ります

この電気の流れを『電流』といいます。

電流は電源電圧の大きさに比例し負荷抵抗の大きさに反比例して流れます

これを『オームの法則』といいます

何か聞き覚えが…

電気回路に乾電池をつなぐと流れる向きと大きさが常に一定で変化しない電流が流れます
このような電流を『直流』といいます

対して

コンセントの電気は時間とともに、流れる大きさと向きが変化します
このような電流を『交流』といいます

直流　交流
電流　時間　時間

これも聞いたことありますけど、なんでわざわざ直流と交流があるんでしょうか？

コク！

第1章●制御

実は多くの電化製品の内部回路は直流で動いています

なら なおさら直流だけでもいい気が…

発電所で作った電気は遠い場所へ効率よく送るために電圧を上げたり下げたりする必要があります

このとき、交流だったらトランスという比較的構造の簡単な装置で電圧を上げ下げできるため昔から発電所では交流が作られています

直流も電圧を変えることはできますがトランスより複雑な装置が必要になってしまいます

なるほど！

電気回路は使用する負荷に合わせて直流電源または交流電源を使います

● 接点の働き

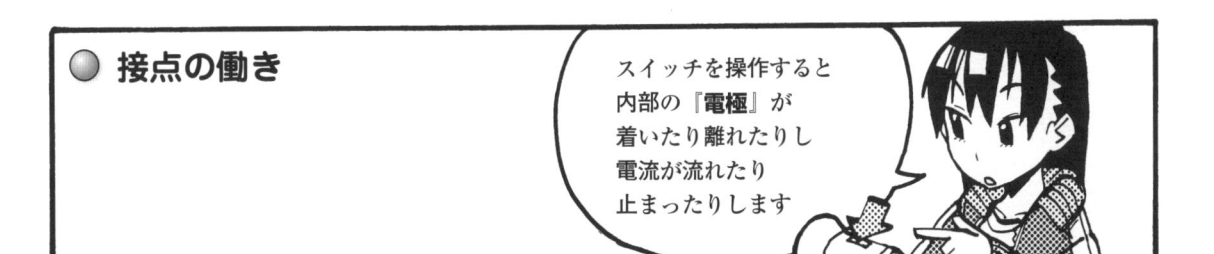

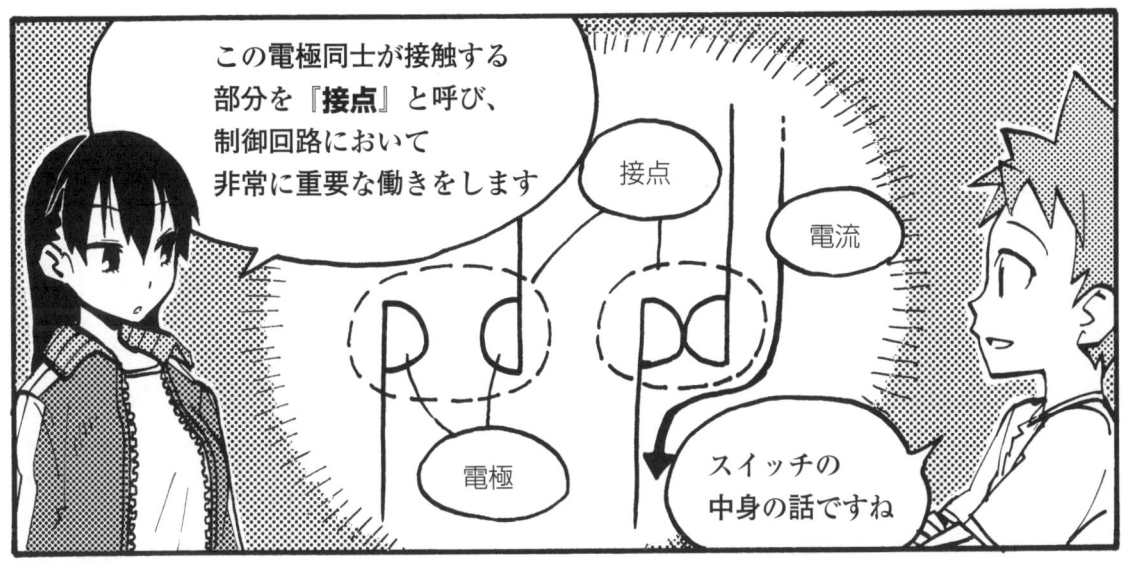

スイッチを操作すると内部の『電極』が着いたり離れたりし電流が流れたり止まったりします

この電極同士が接触する部分を『**接点**』と呼び、制御回路において非常に重要な働きをします

接点

電流

電極

スイッチの中身の話ですね

カチカチ

豆電球は接点を開閉することにより点滅します

すなわち接点の動作によってこの回路を制御できるのです！

わ？！

第1章●制御　21

接点を手動で開閉すれば手動制御、制御用機器を使って自動的に開閉すれば自動制御ということになります

なるほど！

ってかまぶしいんですけど

例えば、接点に温度変化で湾曲する『バイメタル』というものを組み合わせれば

温度によって接点が自動的に開閉して

← バイメタル

電流

接点が開く

豆電球が点いたり消えたりします

おそれはもしや電気コタツとか？

そうですね
豆電球の代わりに
電気ヒータを使えば
電気コタツのような

温度変化に応じて
ヒータが自動的に
オンオフする
電気機器を作ることが
できます

● 接点の種類

その接点ですが…
大きく分けて
3種類のタイプがあります

1つは
『**a接点**』といい
動作する前は開いている
接点です

この接点は
動作すると
接点が閉じて
電流が流れ
回路が働きます

a接点
通常開いている接点

動作前　　動作後
　　　　　閉じる

働くことをドイツ語で
arbeit(アルバイト)といい
この頭文字のaから
こう呼ばれています

なおa接点は
JIS※(日本工業規格)
では『**メーク接点**』
と呼んでいます

なるほど

※JIS＝Japanese Industrial Standards　日本工業規格

第1章●制御　23

2つ目の接点は
『b接点』です

これは動作する前は
閉じている接点です
この接点を使うと
回路ははじめから働いていて
接点が動作すると接点が開き
電流が遮断されます

b接点のbは
break contact
（回路を遮断する）
の頭文字です

b接点

通常閉じている接点

動作前　　動作後
　　　　　開く

なお
JISでは
『ブレーク接点』
と呼んでいます

…

もしや！
a,bと来たってことは…
もう1つの接点は！！！

…

24

リアクション薄いですね…

cです

きっぱり！

そういうのを期待しないでください

この接点は一般にトランスファ接点といいますが

JISでは『切換え接点』と呼んでいます

『c接点』はa接点とb接点の接点を共有した形のもの

回路を切り換える機能があり
cは
change-over contact
（切換え接点）
の頭文字のcです

c接点

第1章●制御　25

なお、シーケンス回路を描くときは
JISで定められた接点の
図記号を使って表し
誰が見ても回路がわかるように
する必要があります

JIS回路記号

メーク接点　　ブレーク接点　　切換え接点
（a接点）　　　（b接点）　　　（c接点）

いろいろ
覚えなくちゃ
ですねー

久々に長時間
話しましたので
今日はここまで…

「今日は」
って
言いましたね？

ではまた
教えてもらいに
来ますねー!!

わーい

しまった…

第1章　フォローアップ

● 自動制御とは

　制御とは、「ある目的に適合するように、制御対象に所要の操作を加えること」とJIS（日本工業規格：Japanese Industrial Standards）で定められています。例えば、部屋を明るくするために、スイッチを操作して制御対象である照明を点けることも制御の1つです。

　制御とは

「ある 目的 に適合するように、制御対象 に所要の 操作を加える こと」
　　　 明るくする　　　　　　　　　照明　　　　　　スイッチを入れる

　制御は、「手動制御」と「自動制御」に大別することができます。
　回路を開閉する接点を手で操作して照明を点ける制御は手動制御といい、自動点滅器などの制御用機器を使う制御を自動制御といいます。

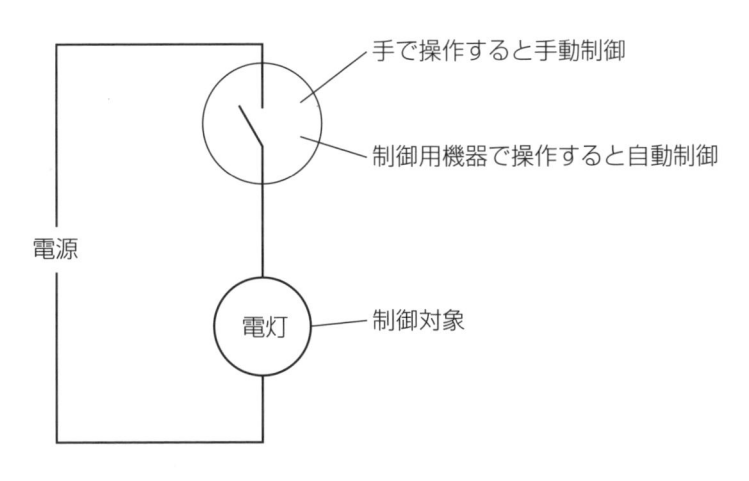

●図1.1　手動制御と自動制御

第1章●制御　27

なお、JISでは、手動制御とは、「直接又は間接に人が操作量を決定する制御」、自動制御とは、「制御系を構成して自動的に行われる制御」、とそれぞれ定められています。

●表1.1　JIS（日本工業規格）

制御	ある目的に適合するように、制御対象に所要の操作を加えること
手動制御	直接又は間接に人が操作量を決定する制御
自動制御	制御系を構成して自動的に行われる制御

照明と自動点滅器を組み合わせると、周囲の明るさに応じて、照明を自動的に点滅させることができます。最も構造の簡単な自動点滅器は、光センサ、ヒータ、バイメタル、および接点などから構成されています。

光センサには、光を受けると抵抗が減少する性質を持つCdsセルと呼ばれる部品が使われています。

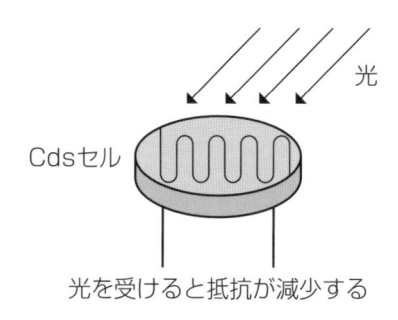

●図1.2　Cdsセル

バイメタルは熱膨張率の異なる2種類の金属板を貼り合わせた部品で、温度変化により熱膨張率の違いで湾曲する性質を持っています。

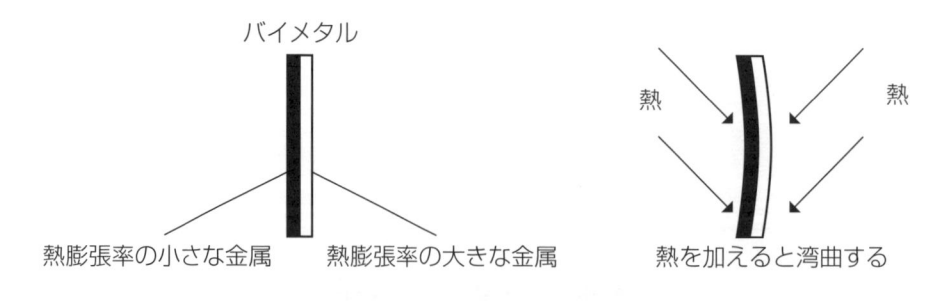

●図1.3　バイメタルの性質

自動点滅器は、周囲が明るくなるとCdsセルの抵抗が減少して、直列に接続されたヒータに電流が流れ、その発熱によりバイメタルが温められ、接点を開いて照明を消します。周囲が暗くなると、Cdsセルの抵抗が増加してヒータに流れる電流が減少し、バイメタルが冷めて、接点が閉じ照明を点灯します。

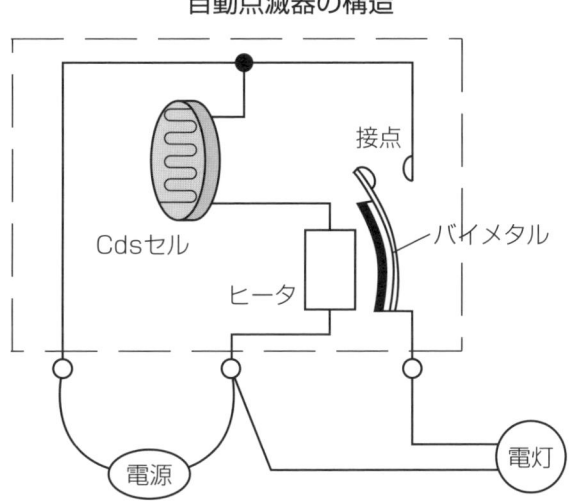

自動点滅器の構造

●図1.4　バイメタルの動作

　さらに、この回路にタイムスイッチを追加すると、あらかじめ設定した時間帯だけ照明を点けることも可能です。タイムスイッチは24時間時計と、設定した時間に閉じる接点を内蔵した制御用機器です。

タイムスイッチ

設定した時間だけ
内部接点が閉じる

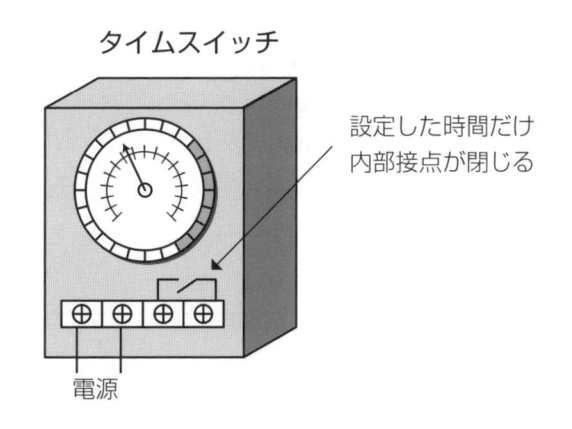

●図1.5　タイムスイッチ

例えば、午後5時から午後11時に接点が閉じるようにセットしておくと、午後5時になるとタイムスイッチの接点が閉じ、さらに周囲が暗ければ自動点滅器の接点も閉じて照明が点灯します。

午後11時になると、周囲が暗く自動点滅器の接点が閉じていても、タイムスイッチの接点が開くため、照明は消えます。このように複数の制御用機器の接点を組み合わせることで、より便利な制御回路を作ることが可能になります。

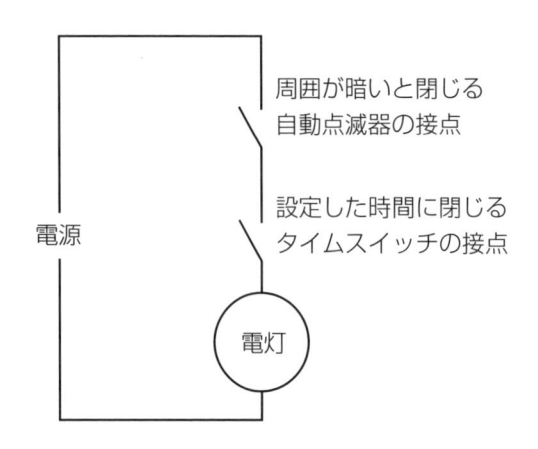

> 自動点滅器とタイムスイッチの接点を直列に接続して使うと、両方の接点が閉じたときだけ電灯が点く。

●図1.6　自動点滅器とタイムスイッチの接点

制御回路の基本

制御回路は、使用する機器に合わせて直流または交流の適正な電圧の電源を用います。直流は大きさと流れる方向が常に一定のもので、乾電池も直流電源の1つです。交流は、その大きさと流れる方向が周期的に変化するもので、一般家庭の電灯やコンセントの電源として使われています。

一般に、制御用機器における使用電源の表示は、交流は略称AC（Alternating Current）、直流は略称DC（Direct Current）で表します。

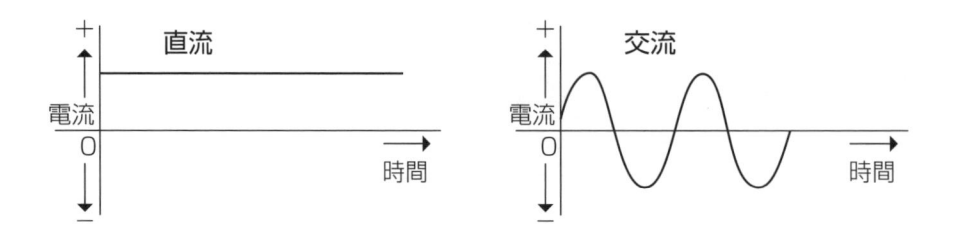

●図1.7　直流と交流

また、制御回路の電源は、使用する制御用機器に適した電源を使う必要があります。例えば、交流200Vで動作する制御用機器を使う場合は、必ず交流200Vの電源を使います。

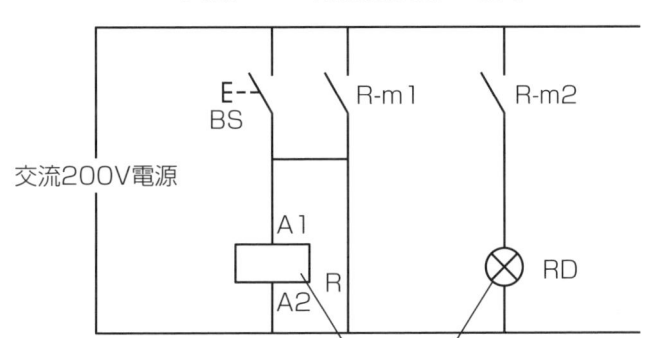

●図1.8　交流200V用機器

また、制御回路に接続する機器は、電源電圧がそのまま各機器に加わるようにするため、電源に対してすべて並列に接続する必要があります。

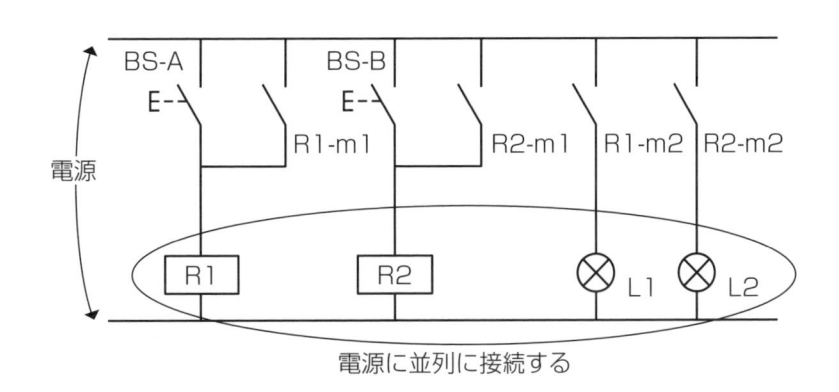

●図1.9　並列に接続する

各機器を電源に対し直列に接続すると、電源電圧が分圧され、各機器に加わる電圧が規定値より低くなってしまい、必要な動作ができなくなります。

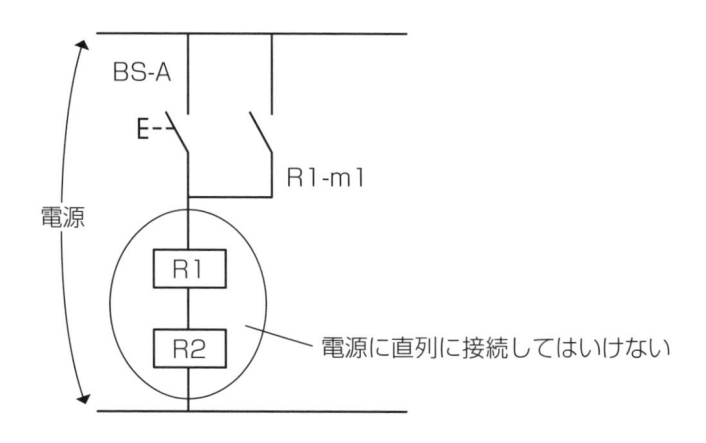

●図1.10　直列に接続する

接点の基本形とその働き

　制御回路は、制御用機器に内蔵された接点の開閉を利用することで様々な負荷を制御することができます。接点には、メーク接点（make contact）、ブレーク接点（break contact）、そして切換え接点（change-over contact）という3つの基本的なタイプがあります。制御回路はこれらの接点を単体または複数組み合わせて構成されます。

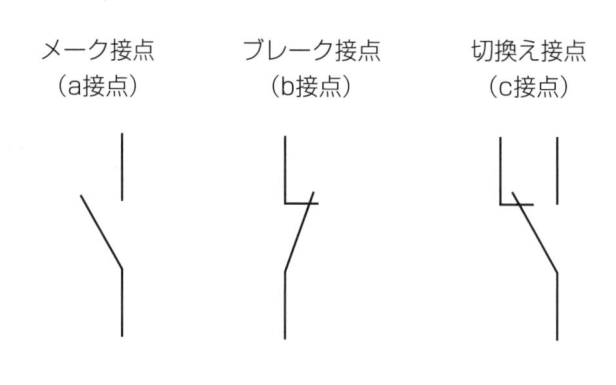

●図1.11　JIS図記号

　メーク接点は一般にa接点（arbeit contact）と呼ばれ、動作前は開いた状態で、動作すると閉じる接点です。
　メーク接点に電灯を接続した回路では、接点が作動して閉じたときに電灯が点きます。
　メーク接点は、通常は開いているので、ノーマリオープン接点（normally open contact）とも呼び、制御用機器にはNOと表記します。

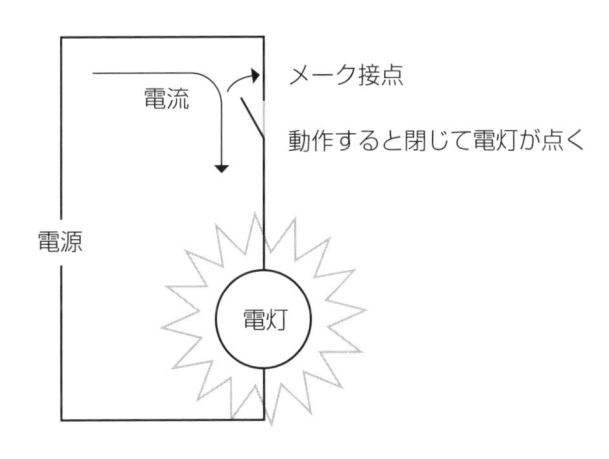

●図1.12　メーク接点

　ブレーク接点は一般にb接点と呼ばれ、動作前は閉じた状態で、動作すると開く接点です。
　ブレーク接点に電灯を接続すると、電源が入っただけで電灯が点き、接点が作動して開くと電灯は消えます。

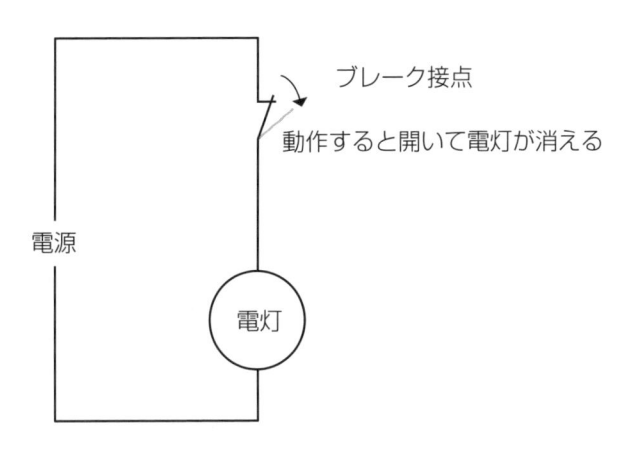

●図1.13　ブレーク接点

　ブレーク接点は、通常は閉じているので、ノーマリクローズ接点（normally closed contact）とも呼び、制御用機器にはNCと表記します。
　切換え接点はメーク接点とブレーク接点の機能を合わせ持つもので、一般にc接点、あるいは、トランスファ接点（transfer contact）と呼びます。切換え接点の共通端子はコモン（common terminal）と呼び、この端子を軸に接点が切り換わります。制御用機器のコモン端子にはCOMと表記します。

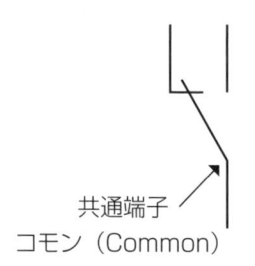

●図1.14　コモン端子

切換え接点は、回路の切り換えなどに使います。

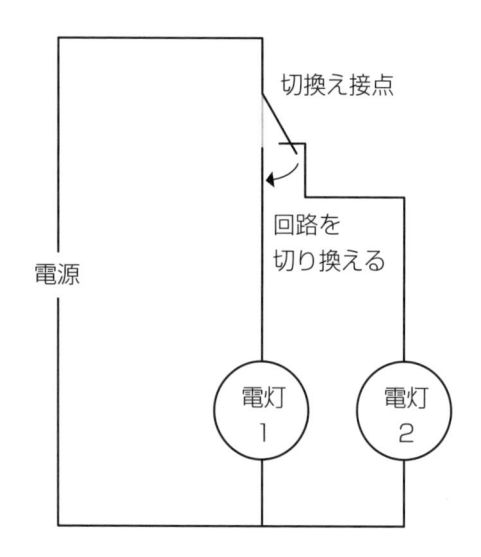

●図1.15　切換え接点

接点を切り換えると、電灯が切り換わって点灯する。

　制御回路において接点は非常に重要な働きをします。接点が破損すれば制御装置そのものの故障となります。
　負荷電流が流れているときに、接点が開くと、電極間に高温のアーク放電と呼ばれる現象が起き、接点の摩耗や破損の原因になります（図1.16）。このため、各機器の接点は開閉できる電流や電圧の値が接点容量として定められています。
　特に、大きな負荷を制御する回路では、接点容量を考慮して制御用機器を選択する必要があります。

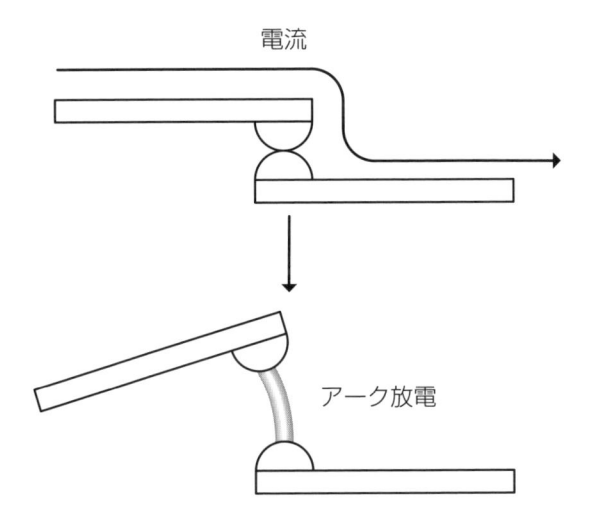

接点が開くと、接点間の電位差によりアーク放電と呼ばれる、実際に電流が流れる現象が発生する。

●図1.16　接点に発生するアーク放電

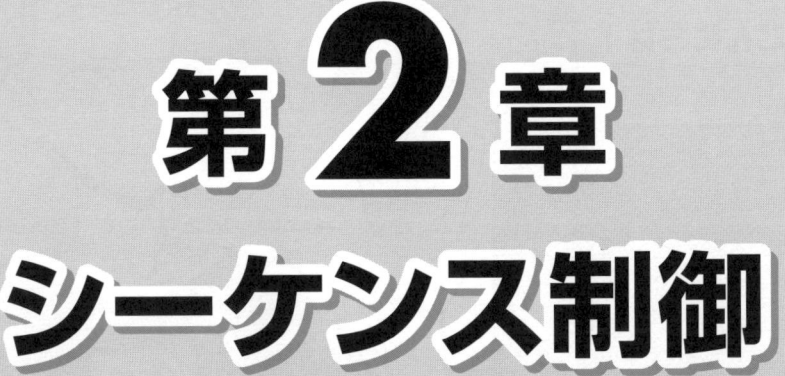

第2章
シーケンス制御

こんにちは！

あれは？

あれ？

...

か…
買ってきましたよ
あれ…！！

...

おじゃましまーす

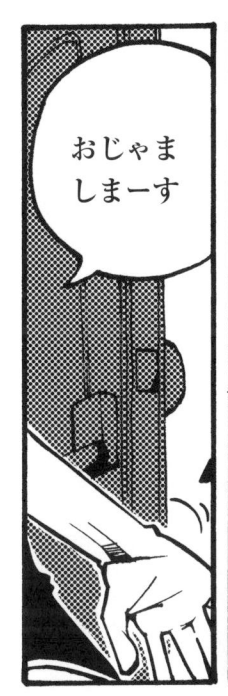

本当に続ける気なんですね……

もちろん！
シーケンス制御自体にも興味わいてきましたし！

では、今日はそのシーケンス制御について話すとしましょうか

はい！

第2章●シーケンス制御

● シーケンス制御

自動制御は大別すると
シーケンス制御と
フィードバック制御の
2つに分けることが
できます

まずは
シーケンス制御から

はい！

例えば
全自動洗濯機には
シーケンス制御が
使われています

全自動洗濯機は
洗濯機に洗剤を入れて
スタートボタンを押せば
このような工程を自動的に
進めていきます

スタート→給水→洗濯→すすぎ→脱水→洗濯完了

洗濯工程

便利ですよねー
でも僕は
昔ながらの…
洗濯板の…

このように
あらかじめ定められた順序で
制御の各段階を進めていく
ような制御を
『シーケンス制御』といいます

ちなみにJISでは
「あらかじめ
定められた順序
または手続きに
従って制御の
各段階を逐次
進めていく制御」
と定義されて
います

①スタート
②給水
③洗濯
④すすぎ

シーケンスという言葉には
連続とか順序という
意味があります！

は、はい！

無視されてる！

全自動洗濯機では
水道の蛇口を手でひねる代わりに
給水弁という装置が動作して
給水します

水位が規定の位置に
きたかどうかの確認は
目の代わりに
水位スイッチという圧力を
検知するセンサが行います

いろんな機械が
人の代わりを
してるんですねー

そして
洗濯物を洗う役目は
モータがパルセータという
水流を作るための円形の
羽根を回転させて
行います
脱水はモータが
洗濯槽を回転させて
遠心力で行います
また、洗濯槽の水を
貯めたり排水したりするのは
排水弁という装置が行います
なるほど…
蛇口
給水ホース
制御基盤
水位スイッチ
給水弁
排水弁
排水ホース
パルセータ
モータ
こうして見ると
洗濯機もけっこう
複雑なんですねー

全自動洗濯機では
スタートから洗濯終了までの
各工程は最初から順番が
制御基盤に記憶してあります

また水が貯まったことを
水位スイッチが検知して
給水を止めるような
ある条件による制御を
『条件制御』といいます

脱水中に洗濯槽の
フタを開けると
脱水が停止するのも
条件制御です

この順番通りに
進める制御を
『順序制御』といいます

そして

洗濯工程であらかじめ
設定してある時間だけ
パルセータを回転する
ような時間による制御を
『時限制御』といいます

順序制御に
条件制御、
それに
時限制御ですか…

一般的に
シーケンス制御は
その3つの制御を
組み合わせて
できています

第2章●シーケンス制御　43

● フィードバック制御で動く機器

次は
フィードバック制御の
お話…

フィードバック
制御ってのは
どんなもの
なんですか?

フィードバックによって
制御量と目標値を比較し
一致させるように
訂正動作をする制御が

『フィードバック制御』
です!

わかったような
わからないような…

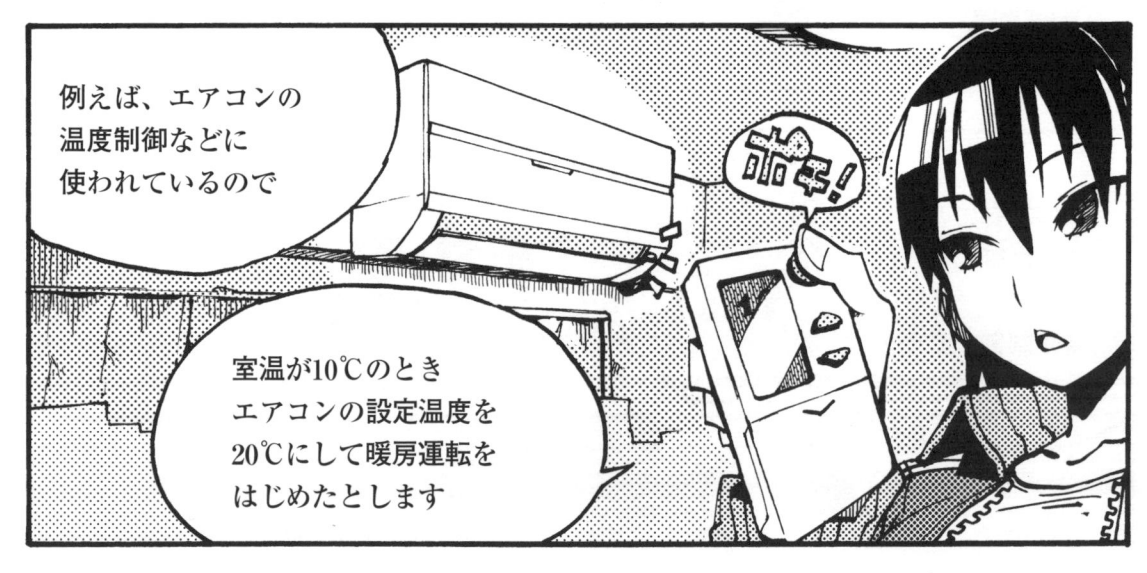

例えば、エアコンの
温度制御などに
使われているので

ポチ!

室温が10℃のとき
エアコンの設定温度を
20℃にして暖房運転を
はじめたとします

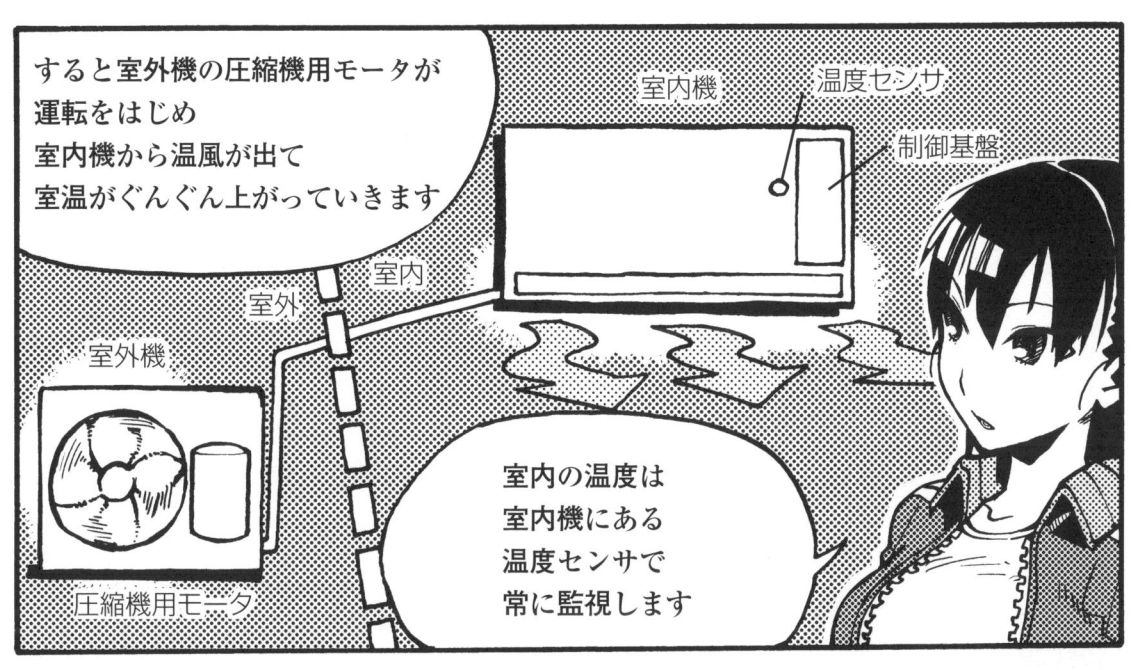

すると室外機の圧縮機用モータが
運転をはじめ
室内機から温風が出て
室温がぐんぐん上がっていきます

室内機
温度センサ
制御基盤
室外 室内
室外機
圧縮機用モータ

室内の温度は
室内機にある
温度センサで
常に監視します

室内温度が上がり
20℃に達すると
それを温度センサが検知して
制御回路へ伝え

室外機のモータも
止めます

もし室内温度が
20℃のままで
変化しなければ
エアコンの役目は
ここで終わりですが…

実際は
暖房が止まれば
室温は再び
下がっていきます

第2章●シーケンス制御　45

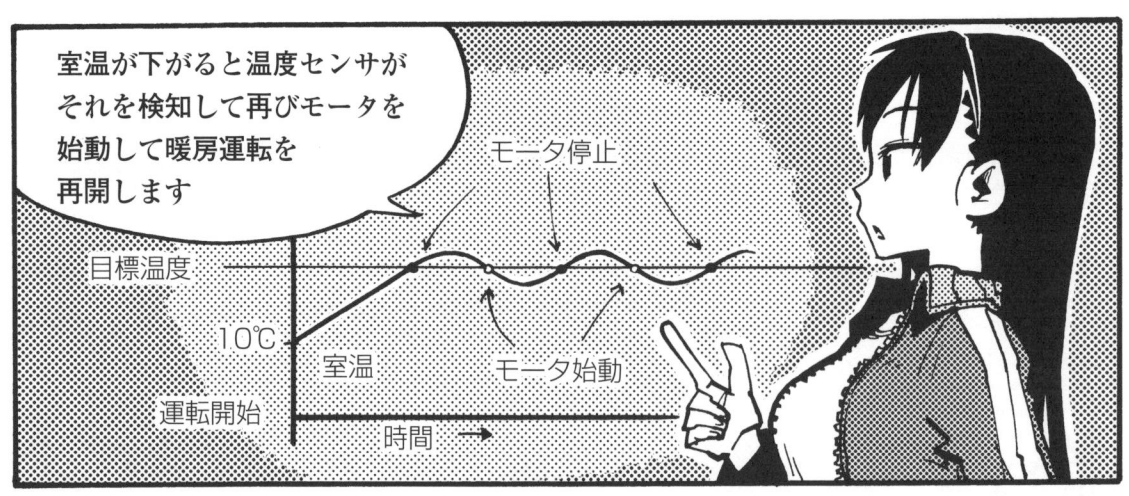

室温が下がると温度センサがそれを検知して再びモータを始動して暖房運転を再開します

モータ停止
目標温度
10℃
室温
モータ始動
運転開始
時間

そうやって室温を設定温度に近づけるために常に室温を監視して

それを制御回路にフィードバックしてモータを制御しているってわけですね！

目標温度と検出温度を比較する
外的要因による室温変化
設定温度 → 制御装置 → 室温 → 制御量
温度センサ
検出温度をフィードバックする

はい

このように目標温度になるように自動調整するのがフィードバック制御

なるほど！

実際のエアコンの温度制御はモータを単純にオンオフするのではなく
モータの回転速度を連続的に変化させて室温の変動を小さくする運転をしています
うーむ
ひきこもり生活もいろんな制御機器に支えられて成り立ってるんですね！
否定はしません
きりがいいので今日はここまで
しまった…！
お
おじゃましましたー！

その夜…
なんですか？
今日はもう授業はしないと
ふふふ
おすそわけ！
肉じゃが！
うまい
ですよ！
食料だって
ネット通販で
ちゃんと…
まあまあ
食べて下さい！
それじゃ！
バタン
本当に
おせっかいな
人…

第2章 フォローアップ

● 全自動洗濯機に見るシーケンス制御

　自動制御は、信号機や全自動洗濯機などに使われているシーケンス制御とエアコンや電熱機器の温度制御などに使われているフィードバック制御に大別することができます。

```
自動制御 ─┬─ シーケンス制御    ・全自動洗濯機
         │                    ・エレベーター
         │                    ・信号機
         └─ フィードバック制御 ・エアコン
                              ・電熱機器
```

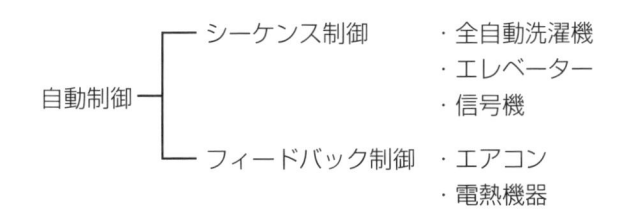

●図2.1　自動制御の分類

　全自動洗濯機は、給水、洗濯、すすぎ、脱水などの各工程をすべて自動的に進める動作をします。このように、あらかじめ決められた順序で各工程を進めていくような制御をシーケンス制御と呼びます。

　交差点にある信号機が、赤、青、黄色の順序で点灯するのもシーケンス制御です。また、押しボタンスイッチを押すとかごが下りて来て、扉が開くといったエレベーターの動作にもシーケンス制御が使われています。

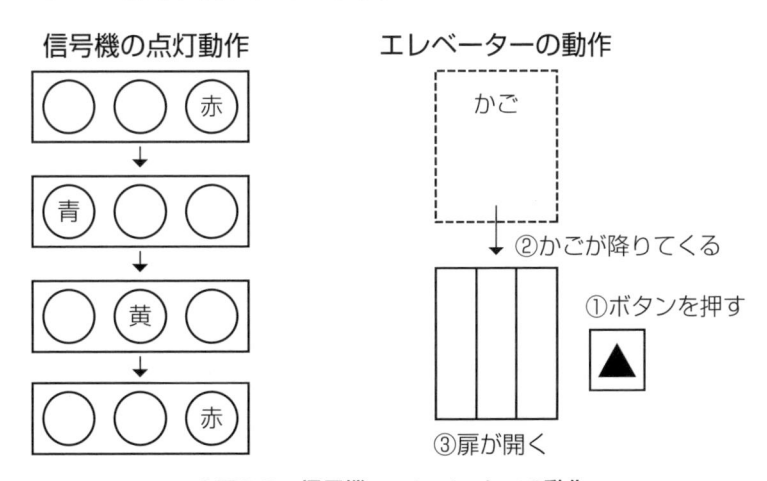

●図2.2　信号機・エレベーターの動作

シーケンス制御：JISの定義

> あらかじめ定められた順序又は手続きに従って制御の各段階を逐次進めていく制御

シーケンス制御は、時限制御、条件制御、順序制御の3種類に分類することができます。

```
                   ┌── 時限制御
    シーケンス制御 ──┼── 条件制御
                   └── 順序制御
```

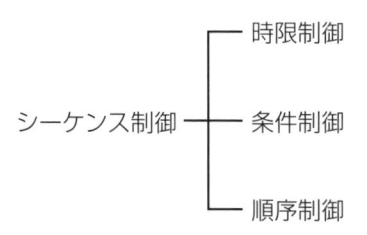

●図2.3　シーケンス制御の分類

・**時限制御**

全自動洗濯機の洗濯工程はあらかじめ制御回路に設定された時間だけ洗濯の動作をします。このように決められた時間で動作する制御方式を時限制御または時間制御と呼びます。全自動洗濯機では、すすぎ工程や脱水工程にも時限制御が使われています。

時限制御

洗濯開始 ───────→ 洗濯終了
　　　　設定された時間

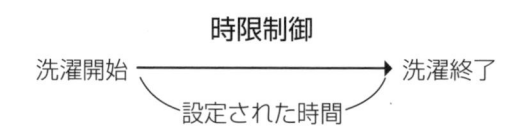

●図2.4　洗濯工程の時限動作

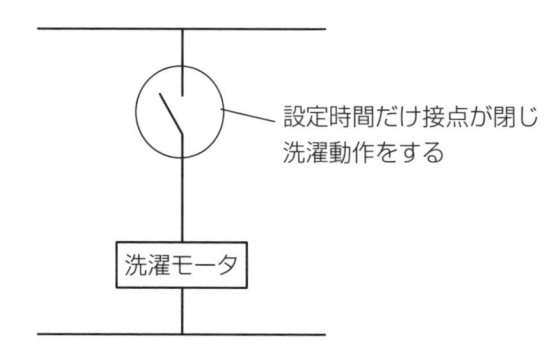

設定時間だけ接点が閉じ洗濯動作をする

洗濯モータ

●図2.5　洗濯工程と時限動作

・**条件制御**

　水位が規定の位置に達すると水位スイッチがそれを検出し、給水を止めて次の洗濯工程に進みます。このように、決められた条件が成立したときに、次の工程へ進むような制御方式を条件制御と呼び、条件の検出には水位スイッチのような検出用機器が使われます。

　脱水運転中にふたを開けると、ふたスイッチがそれを検出して脱水運転を停止する動作も条件制御によるものです。

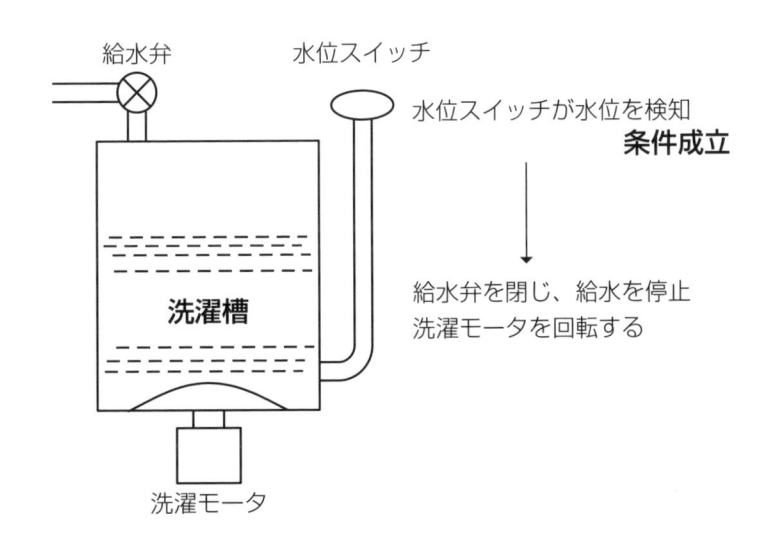

●図2.6　条件制御

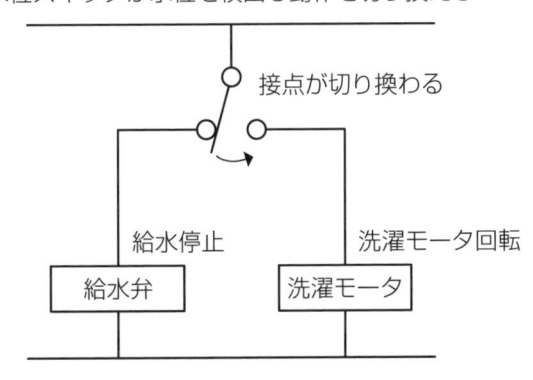

●図2.7　水位スイッチと条件制御

・順序制御

　全自動洗濯機の標準的な洗濯工程はその順番が最初から制御回路に設定されています。この各工程を設定通りの順で進めていくような制御方式を順序制御と呼びます。順序制御では、ある動作から次の動作へ移るときに、センサなどの検出用機器が使われます。

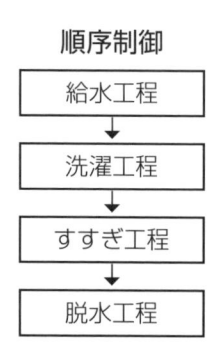

```
順序制御
  ↓
給水工程
  ↓
洗濯工程
  ↓
すすぎ工程
  ↓
脱水工程
```

●図2.8　全自動洗濯機の順序制御

　このように、全自動洗濯機は、時限制御、条件制御、順序制御の3種類すべてを利用してすべての洗濯工程を自動的に実行する電気機器です。

● エアコンとフィードバック制御

　エアコンは設定した温度に室温を値に近づけるため、室内機に設置された温度センサによって室温を測定し、その値をフィードバックして目標値と比較し、モータの運転を制御することで室温を調整しています。このように、フィードバックによって制御量を目標値と比較し、一致させるような制御をフィードバック制御といいます。

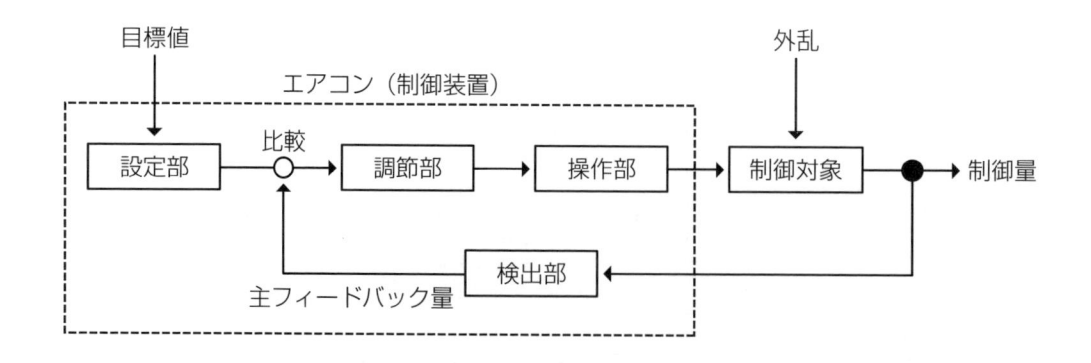

●図2.9　エアコンのフィードバック制御

ジャーポットや電気コタツの温度制御にもフィードバック制御が使われています。

フィードバック制御：JISの定義

> フィードバックによって制御量を目標値と比較し、それらを一致させるように操作量を生成する制御

フィードバック制御により制御量を目標値に近づける動作は、比例動作（P動作：Proportional）、積分動作（I動作：Integral）、そして微分動作（D動作：Differential）に分類することができます。

```
                          ┌── 比例動作（P動作）
フィードバック制御の動作 ──┼── 積分動作（I動作）
                          └── 微分動作（D動作）
```

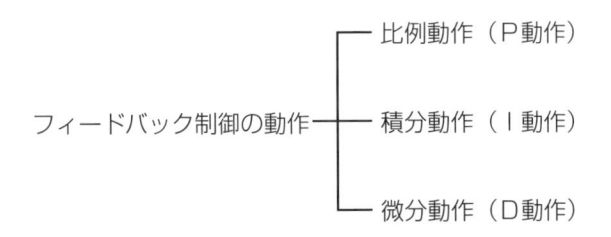

●図2.10　フィードバック制御の動作

モータの出力が常に一定のエアコンは、モータのオン/オフによって室温を制御します。このような制御をオン/オフ制御、または2位置制御（on-off control）と呼びます。この制御は、室温が目標値に達してから温度センサが働きモータを停止するため、常に目標値を行き過ぎ、いつになっても室温が設定温度と一致しません。

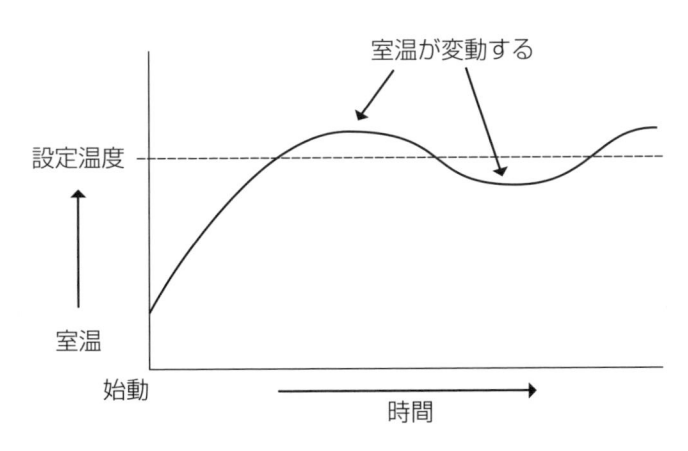

●図2.11　エアコンのオン/オフ制御による室温の変化

一方、最近のエアコンは、モータの回転速度を連続的に変化させることで、出力も連続的に変化させることができます。このようなエアコンに比例動作、積分動作、微分動作を用いると、より一層室温を設定温度に近づける運転ができます。
　まず、比例動作とは、室温と目標値との差の大きさに比例した操作をするものです。例えば、エアコンを始動したとき、室温と設定温度との差（偏差）が大きければ、モータも大きな出力で運転し、徐々に室温と設定温度との差が近づいてくると、その差が小さくなるためモータの出力も比例して小さくなり、室温を目標値に近づけることができます。
　しかし、この動作は室温を目標値に近づけることはできますが、完全に一致させることはできないという欠点があります。

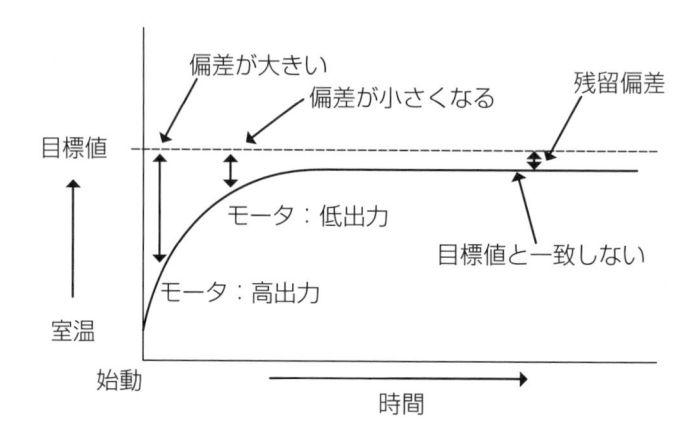

●図2.12　エアコンの比例動作（P動作）による室温の変化

　このわずかな偏差を残留偏差、またはオフセットと呼び、これをなくすために積分動作（I動作）が使われます。積分動作とは、残留偏差の時間に関する積分値に比例してモータの出力を制御するもので、残留偏差が0になるように動作します。
　エアコンの温度制御は始動時に比例動作を使って室温を設定温度に近づけ、さらに、積分動作を使うことで、室温と設定温度を一致させることができます。このように、比例動作と積分動作を一緒に使うものを比例積分動作、またはPI動作と呼びます。

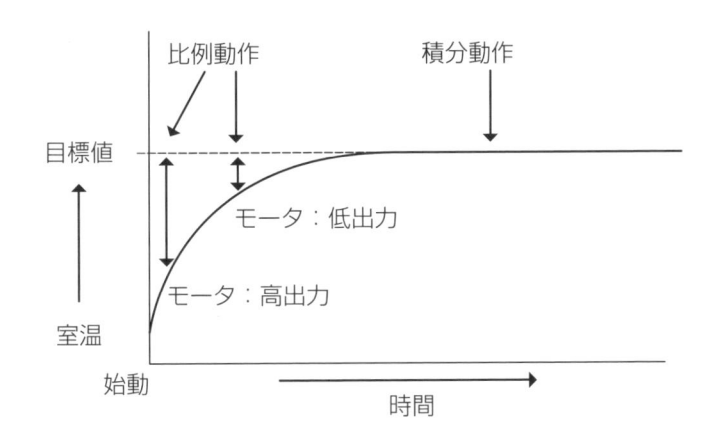

●図2.13　比例積分動作（PI動作）による室温の変化

　実際のエアコンの温度制御は、外気温の変動や、戸の開閉による室温の変動など、外乱にも素早く対応する必要があります。このような外乱に対しては微分動作が対応します。微分動作は室温が外乱などで変化をはじめたとき、設定温度と室温との偏差の微分値に比例させてモータの出力を調整し、偏差が小さなうちに修正動作をすることで室温の大きな変動を防ぐための動作です。
　例えば、暖房運転中に戸が開いて室温が急に下がりはじめたとき、素早くモータの出力を大きくして室温を設定温度に戻すような動作が微分動作です。

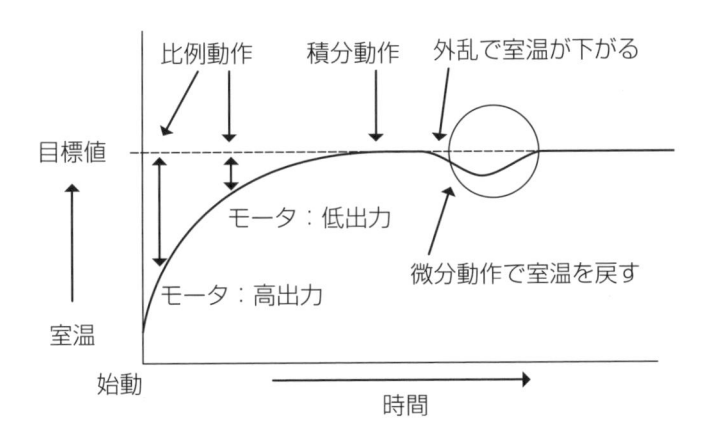

●図2.14　微分動作による室温の変化

　このように比例積分動作に微分動作を加えたものをPID動作と呼び、様々な制御装置で利用されています。

第2章●シーケンス制御

第3章
制御に使う様々な機器

外…か

あの人…恩節カイのせいで余計なことを考えるようになってしまった

そして…きっと今日も

ピンポーン♪

なぜか彼の顔を見ると安心している自分がいる…

なんで私が講義をしなくちゃならないんだろうと思う…でも…

って聞いてます？

あ　ええ…

さて、今日はこの前の話の続き

制御に使う機器についてざっと説明しましょう

はい！

● 押しボタンスイッチ

ピンポーン♪

まずは『押しボタンスイッチ』

機械を始動したり停止するには押しボタンスイッチなどの命令用機器が使われます

インターホンも押しボタンスイッチ？

はい

あなたが幾度となく押している我が家のインターホンも押しボタンスイッチです

…ハハハ

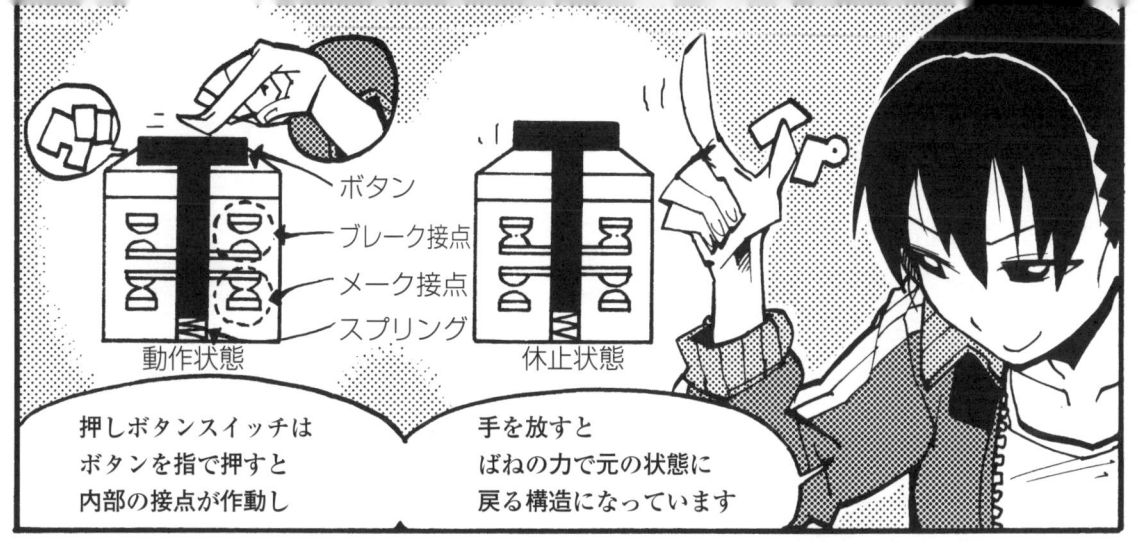

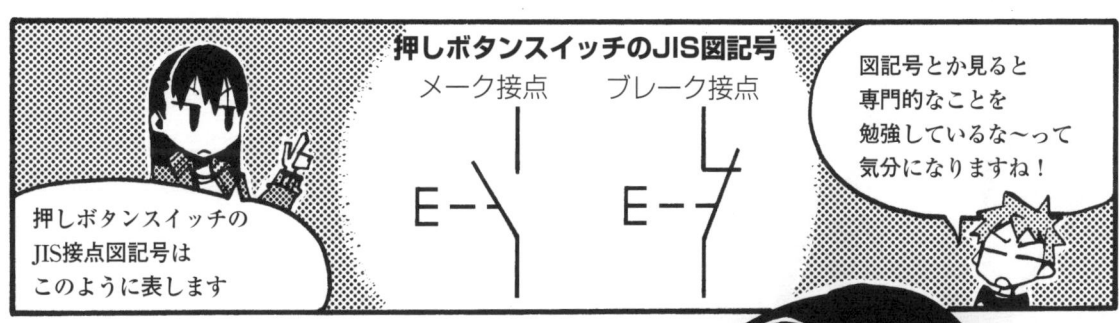

ボタン
ブレーク接点
メーク接点
スプリング

動作状態　　　休止状態

押しボタンスイッチはボタンを指で押すと内部の接点が作動し

手を放すとばねの力で元の状態に戻る構造になっています

押しボタンスイッチのJIS図記号

メーク接点　　　ブレーク接点

押しボタンスイッチのJIS接点図記号はこのように表します

図記号とか見ると専門的なことを勉強しているな〜って気分になりますね！

● **トグルスイッチ**

次は『トグルスイッチ』

『スナップスイッチ』とも呼ばれレバーを手で操作することで内部の接点が作動するものです

これはいかにもメカっぽいスイッチですね！

っていうかスイッチって全体的に男の憧れ的要素が強いですね！

そ、そうなんですか…？

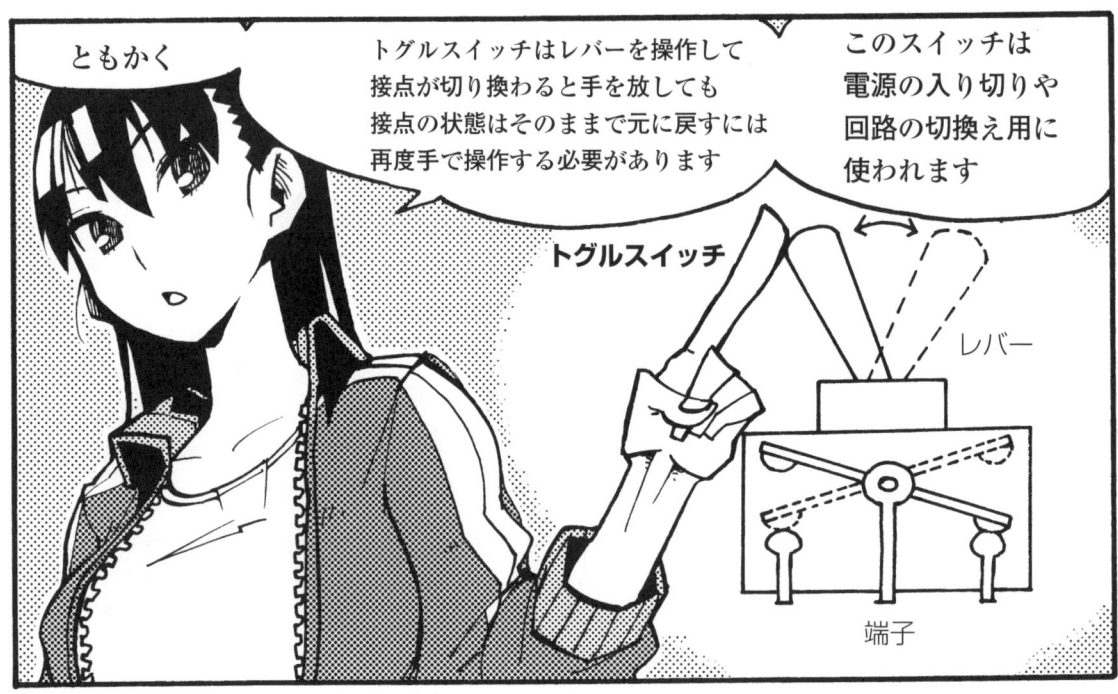

ともかく

このスイッチは電源の入り切りや回路の切換え用に使われます

トグルスイッチはレバーを操作して接点が切り換わると手を放しても接点の状態はそのままで元に戻すには再度手で操作する必要があります

トグルスイッチ

レバー

端子

トグルスイッチのJIS図記号

メーク接点　ブレーク接点

トグルスイッチの接点図記号はJISでこのように表します

● セレクタスイッチ

『セレクタスイッチ』とは
つまみをひねることで内部の接点が
作動するもので
機械の手動と自動の切換えなど
回路の切換え用として使います

あ！

レンジに
そういうスイッチ
ついてます！

コクリ

セレクタスイッチなどの
ひねり操作スイッチの
接点図記号はJISで
このように表します

セレクタスイッチのJIS図記号

メーク接点　　ブレーク接点

第3章●制御に使う様々な機器　63

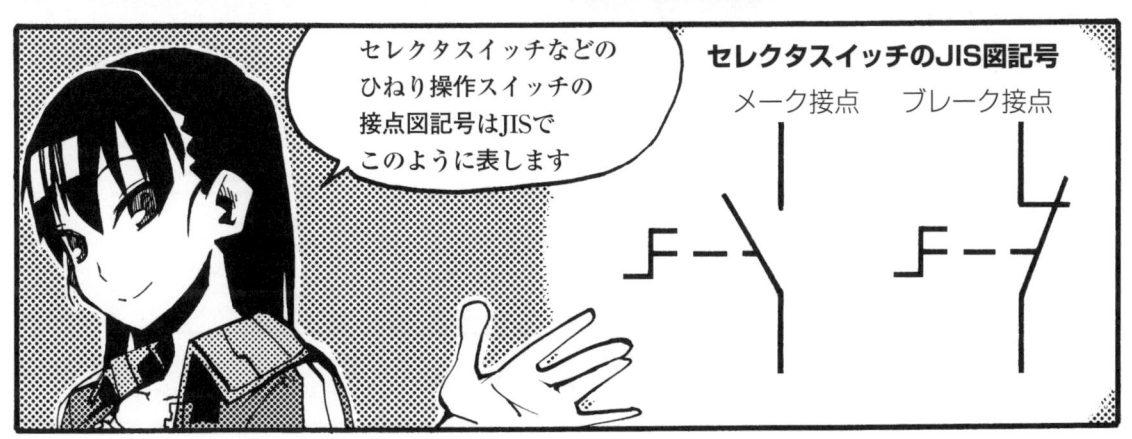

●マイクロスイッチ

位置や温度、圧力などは検出用機器が検知するんですが

例えば物体の位置は『マイクロスイッチ』などの検出用機器で検知します

マイクロスイッチは小さなケースに組み込まれた接点がレバーなどと連動して作動するものです

ん？このスイッチは見たことがありませんが

あまり目に見えるところで使われるものではありませんからね
マウスのボタンに使われたりするんです

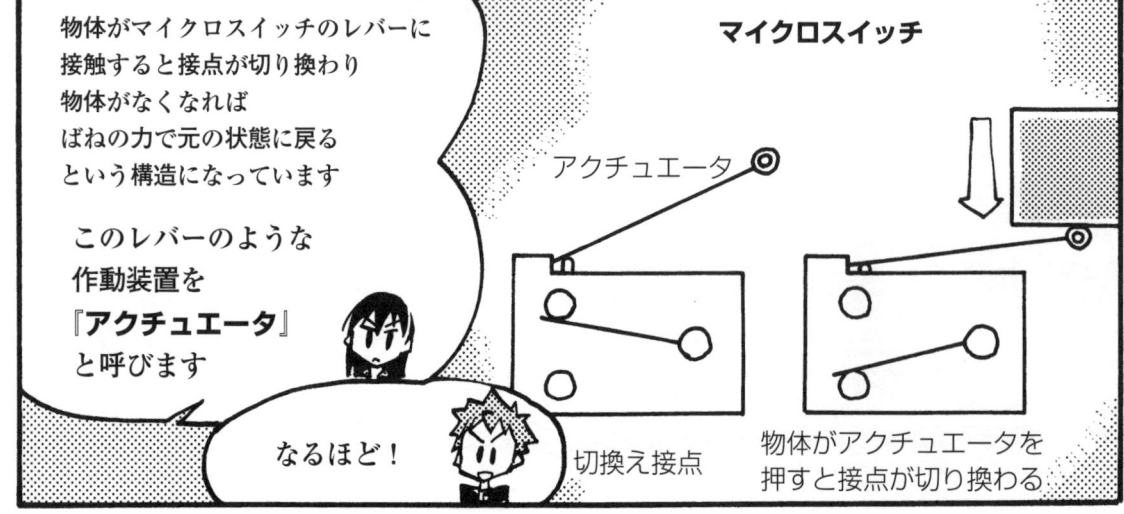

物体がマイクロスイッチのレバーに接触すると接点が切り換わり物体がなくなればばねの力で元の状態に戻るという構造になっています

このレバーのような作動装置を『アクチュエータ』と呼びます

なるほど！

マイクロスイッチ

アクチュエータ

切換え接点

物体がアクチュエータを押すと接点が切り換わる

また 金属性ケースで丈夫に作られたものは
『リミットスイッチ』
と呼ばれます

マイクロスイッチを頑丈にしたものがリミットスイッチだというわけですね！

はい！

マイクロスイッチ **リミットスイッチ**

マイクロスイッチやリミットスイッチのアクチュエータは用途に応じて様々な形状のものが使われています

ほう！

マイクロスイッチやリミットスイッチなど位置検出用スイッチの接点図記号はJISでこのように表します

ほう！

位置検出用スイッチのJIS図記号

メーク接点　　ブレーク接点

第3章●制御に使う様々な機器　65

● 電磁リレーとは

スイッチ以外の基本的な機器も紹介しておきましょう まずは電磁リレー

電磁リレー？

『電磁リレー』は電磁石と接点から構成されます

電磁リレーの原理

鉄片
可動接点
スイッチ
電源
電流
コイル
電磁石

電磁リレーのコイルに電流を流すと電磁石になり
その電磁力によって
鉄片と一体の可動接点が吸収されます
電流を切ると電磁石は電磁力を失い
接点はばねの力で元の状態に戻ります

構造はわかりましたが

これにどういう役割があるんですか？

自動制御では電気的に作動する接点を内蔵した操作用機器が重要な働きをします

中でも電磁リレー（電磁継電器）は制御回路において非常に重要な機器の1つなのです！

へぇ

電磁リレーを表すJIS図記号
リレーのコイル　リレーの接点
　　　　　　　メーク接点　ブレーク接点

電磁リレーはJIS図記号でこのように表します

また、電磁リレーにはモータなど大電流を制御するために作られた接点容量の大きな『電磁接触器』と呼ばれるものがあり、

これか

電磁接触器

JIS図記号ではこのように表します

電磁接触器の表すJIS図記号
電磁接触器のコイル　電磁接触器の接点
　　　　　　　　　メーク接点　ブレーク接点

第3章●制御に使う様々な機器　67

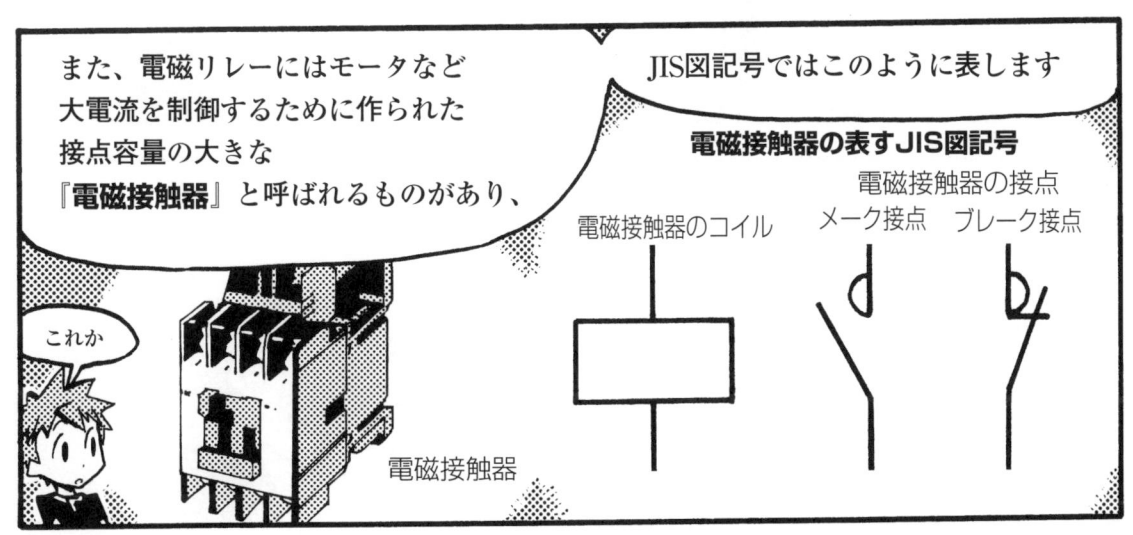

● タイマとは

最後に『タイマ』の話をしましょう
これはイメージしやすいですね

設定した時間になったら何か動作するっていうあのタイマですか？

そうですね

制御機器には設定された時間によって制御されているものがたくさんあります

例えば洗濯機の脱水運転の時間は制御基盤に時間が設定してあり設定された時間だけ脱水運転をします

このように制御回路で時限動作をするにはタイマが使われます

タイマもれっきとした制御用機器なんですねー

おわりました！

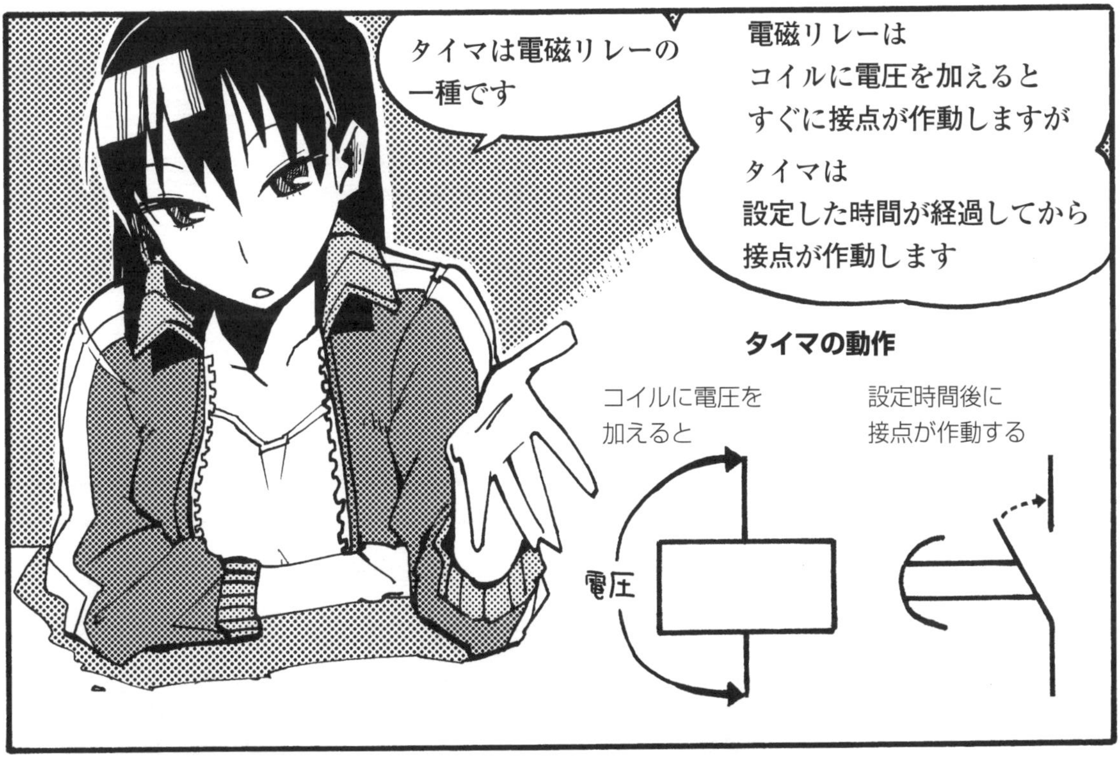
タイマは電磁リレーの一種です
電磁リレーはコイルに電圧を加えるとすぐに接点が作動しますが
タイマは設定した時間が経過してから接点が作動します
タイマの動作
コイルに電圧を加えると
設定時間後に接点が作動する
電圧

なるほど
タイマの接点の動作にはいくつかの種類がありますが
コイルに電圧を加えてから設定時間後に接点が作動し電圧を取り除くとすぐに元の状態になるものを
限時動作瞬時復帰接点といいます

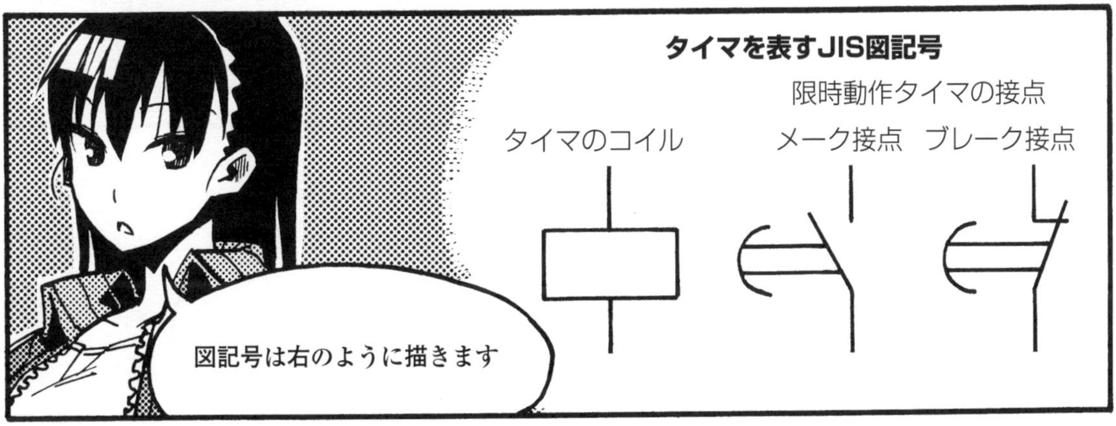
タイマを表すJIS図記号
限時動作タイマの接点
タイマのコイル
メーク接点
ブレーク接点
図記号は右のように描きます

タイマの図記号ってちょっと変わっていますね
もっと時計っぽい絵とかの方がわかりやすいのに…

これはもともとパラシュートの形状から作られた記号なのです

パラシュート?

パラシュート

ある方向に遅れて移動することをパラシュート効果というんです

この方向に遅れて移動する
これをパラシュート効果（parachute effect）という

タイマの動作はまさしくパラシュート効果ですから…

へぇー
それじゃあ時計はだめですね！

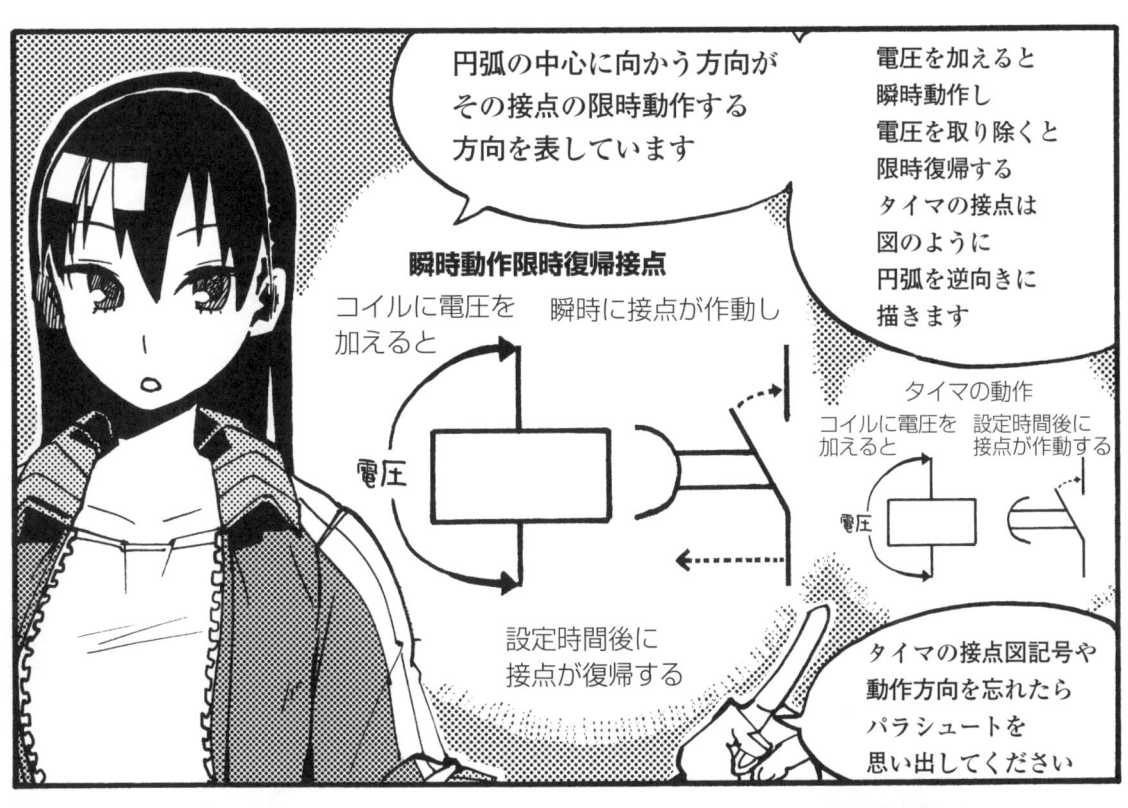

瞬時動作限時復帰接点

円弧の中心に向かう方向がその接点の限時動作する方向を表しています

電圧を加えると瞬時動作し電圧を取り除くと限時復帰するタイマの接点は図のように円弧を逆向きに描きます

コイルに電圧を加えると 瞬時に接点が作動し

電圧

設定時間後に接点が復帰する

タイマの動作

コイルに電圧を加えると 設定時間後に接点が作動する

電圧

タイマの接点図記号や動作方向を忘れたらパラシュートを思い出してください

わかりました！

じゃ

私の話はここまで

もちろん他にもいろんな機器がありますので後は本でも読んでください

…

シーケンス制御

第3章●制御に使う様々な機器

そういえば
屋上にエレベーターの
機械室が
あるんですよね

ええ

今から行ってみません?
屋上!
すぐ上なんですよね?

え?

今日は天気もいいですし
行ってみましょうよ!

……

怖いん…
ですか？

……

けっこう
散らかってますね……

もう何年も誰も来てないはずだから……

機械室はこっち…

うーんやっぱり今見てもさっぱりですね

それはそうでしょう…

でも！いつか必ず直してみせますよ！！

…

第3章 フォローアップ

● 命令用機器

自動制御には命令を入力したり物体の位置を検出するなど、様々な制御用機器が使われます。

押しボタンスイッチは、ボタンを押すと内部接点が作動する命令用機器で、制御装置の始動操作や停止操作用のスイッチなどに使われます。

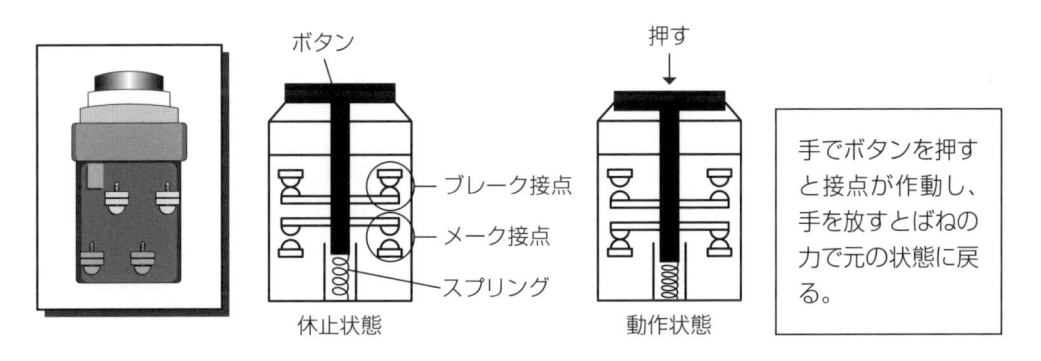

●図3.1　押しボタンスイッチと構造

押しボタンスイッチの接点図記号は、接点の基本形に押し操作を示す操作機構図記号を付けて描き表します。

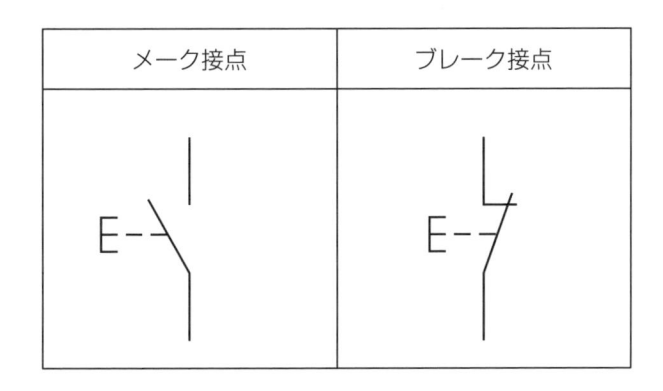

●図3.2　押しボタンスイッチの接点図記号

第3章●制御に使う様々な機器

操作機構図記号とは制御用機器の接点の操作方式を図記号で示したもので、JISにより定められています。

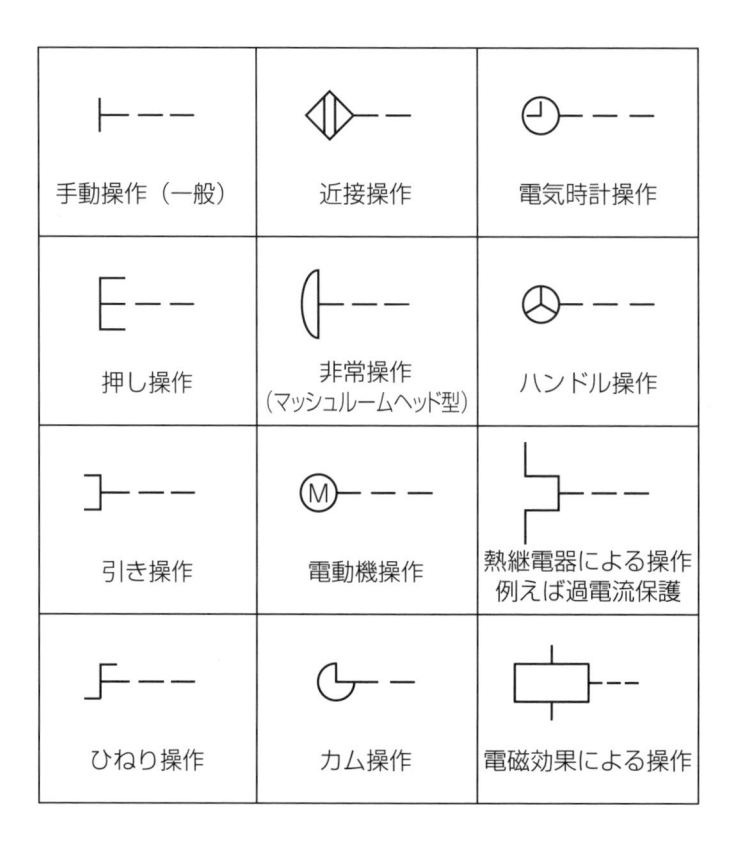

手動操作（一般）	近接操作	電気時計操作
押し操作	非常操作 （マッシュルームヘッド型）	ハンドル操作
引き操作	電動機操作	熱継電器による操作 例えば過電流保護
ひねり操作	カム操作	電磁効果による操作

●図3.3　操作機構図記号

トグルスイッチやタンブラスイッチは、制御回路の切換えや、電源の入り切りなどを手動で行うための命令用機器で、両者とも同じ接点図記号を使います。

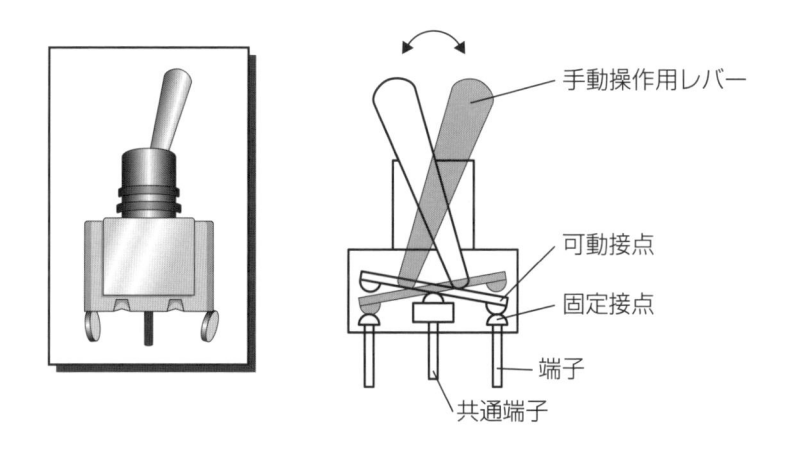

●図3.4　トグルスイッチと内部構造

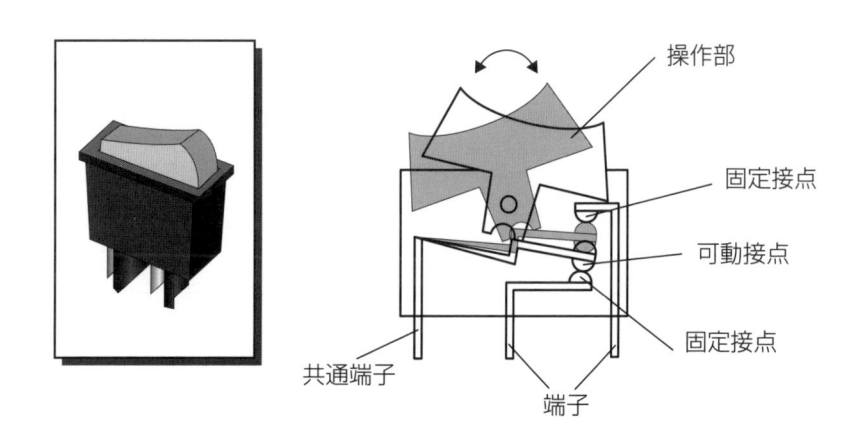

●図3.5　タンブラスイッチと内部構造

●図3.6　トグルスイッチ・タンブラスイッチの接点図記号

第3章●制御に使う様々な機器

セレクタスイッチは手でひねり操作を加えると、内部接点が作動するもので、回路を手動で切り換える場合などに用います。

●図3.7　セレクタスイッチ

メーク接点	ブレーク接点	切換え接点

●図3.8　セレクタスイッチの図記号

検出用機器

マイクロスイッチやリミットスイッチは物体の位置を検出する検出用機器です。物体を検出するレバーやローラ部をアクチュエータと呼び、これに物体が接触することで内部の接点が作動します。用途に応じて様々な形状のアクチュエータがあります。

●図3.9　マイクロスイッチ

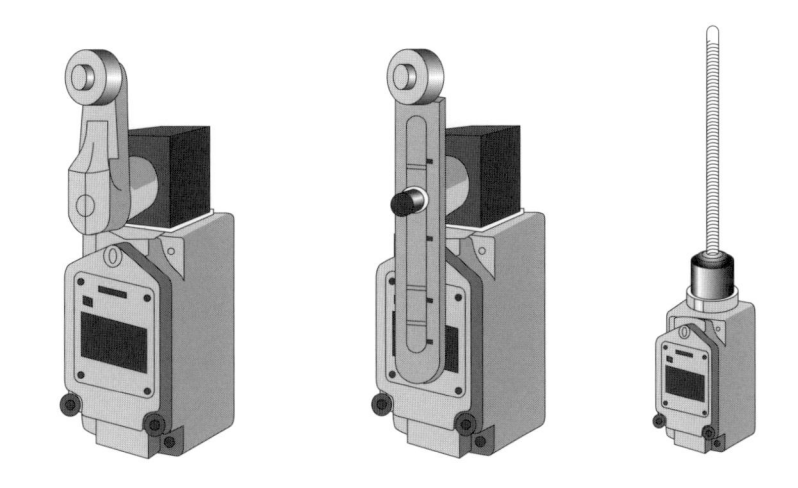

●図3.10　リミットスイッチ

メーク接点	ブレーク接点	切換え接点

●図3.11　マイクロスイッチ・リミットスイッチの接点図記号

　光電スイッチは物体に接触することなく検出することができる近接スイッチの1つで、投光部および受光部などから構成されます（図3.12）。投光部から出る可視光線や不可視光線（赤外線など）を、受光部で検知することで物体の有無を判断します。

第3章●制御に使う様々な機器

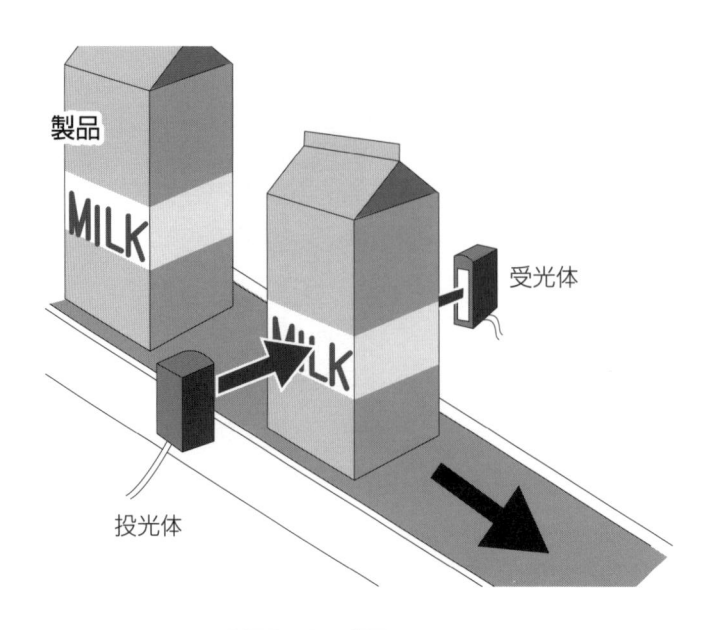

●図3.12　光電スイッチ

●図3.13　光電スイッチの図記号

● 制御操作用機器

　電磁リレー（電磁継電器）は電磁力で接点を開閉する制御操作用機器です。電磁力によって複数の接点が同時に作動するもので、シーケンス制御回路において非常に重要な制御用機器の1つです。
　電磁リレーは電磁石となるコイルと、電磁力で作動する接点などから構成されます。電源をコイルに接続すると電磁力が発生し、接点が吸引されて作動します。電源を外すと接点はスプリングの力で元の位置に復帰します。

なお、電磁リレーのコイルに電流が流れ、電磁力が発生することを励磁と呼び、コイルの電流が遮断され、電磁力がなくなることを消磁と呼びます。

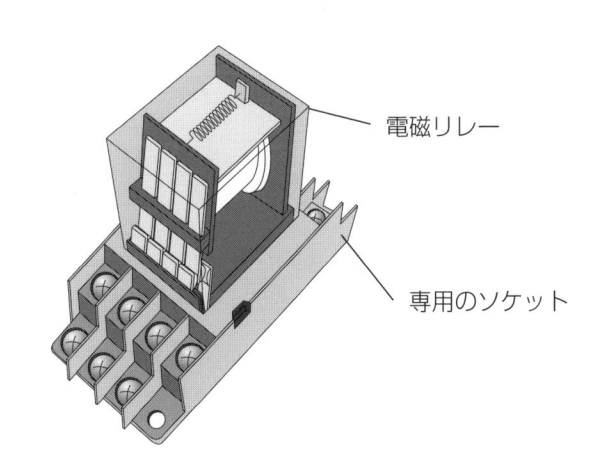

●図3.14　電磁リレー

電源用端子（コイル）に電源を接続すると接点が作動し、電源を切るとスプリングの力で復帰する。

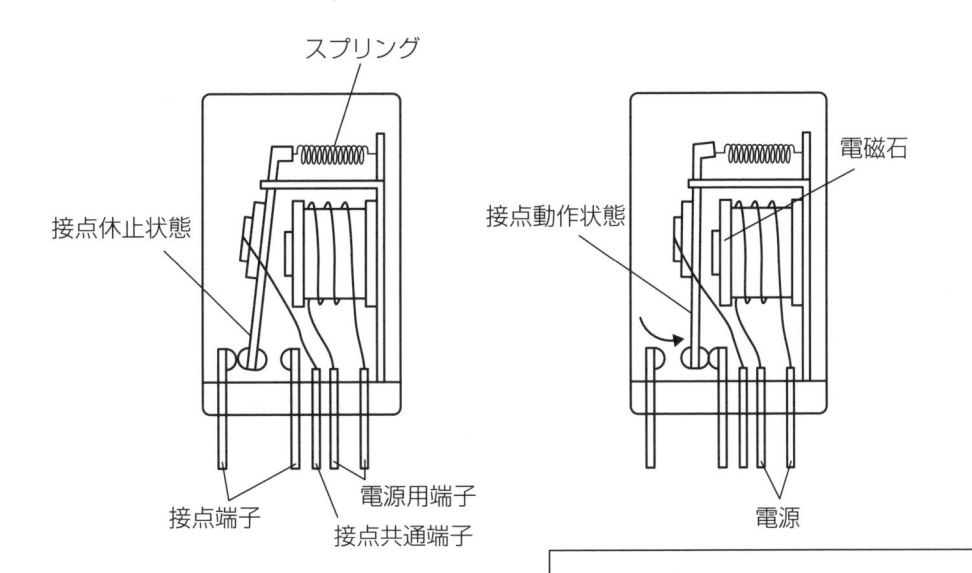

●図3.15　電磁リレーの構造

メーク接点	ブレーク接点	コイル

●図3.16　電磁リレーの図記号

　電磁接触器は電磁リレーの1つで、容量の大きな接点が内蔵されているのです。モータのように大きな電流の流れる機器も直接制御することができるので、モータ制御回路などに使われます。

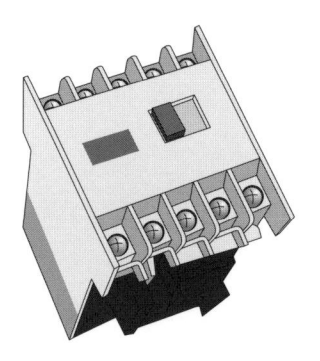

●図3.17　電磁接触器

メーク接点	ブレーク接点	コイル

●図3.18　電磁接触器の図記号

タイマは電磁リレーの1つで、接点が時限動作する制御用機器です。電磁リレーはコイルに電圧が加えられると瞬時に接点が作動しますが、タイマの接点は、設定された時間で作動します。また、タイマの接点の動作方式にはいくつかのタイプがあります。

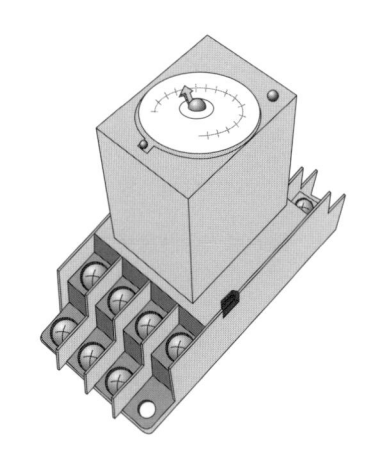

●図3.19　タイマ

　コイルに電圧が加えられると設定時間経過後に接点が作動し、コイルの電圧を取り除くとすぐに復帰するタイプを、限時動作瞬時復帰接点と呼びます。

メーク接点	ブレーク接点	コイル

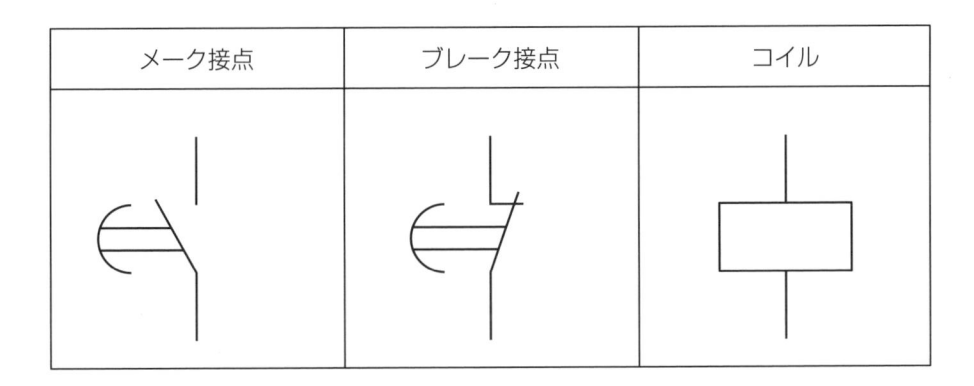

●図3.20　タイマの図記号（限時動作瞬時復帰接点）

　コイルに電圧が加えられるとすぐに接点が作動し、コイルの電圧を取り除くと設定時間経過後に復帰するタイプを、瞬時動作限時復帰接点と呼びます。

第3章●制御に使う様々な機器

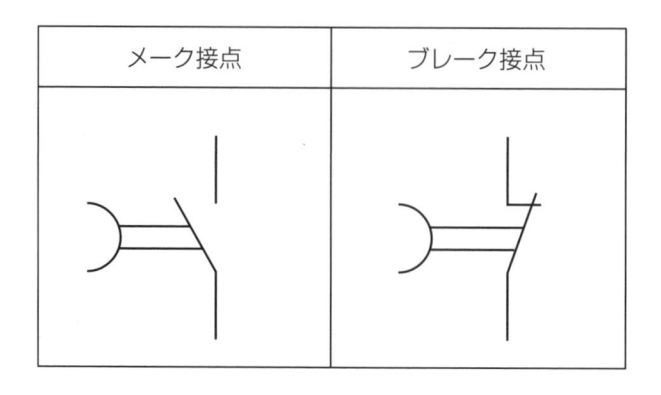

●図3.21　瞬時動作限時復帰接点の図記号

　コイルに電圧が加えられると設定時間経過後に接点が作動し、コイルの電圧を取り除いたときも設定時間経過後に復帰するタイプを限時動作限時復帰接点と呼びます。

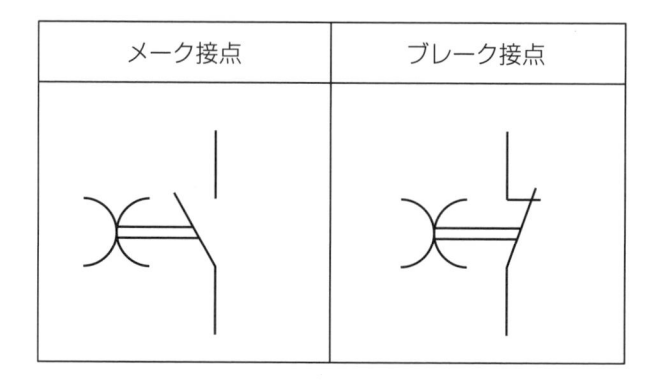

●図3.22　限時動作限時復帰接点の図記号

　配線用遮断器はブレーカとも呼ばれ、電気回路の電源部に用いる制御操作用機器です。過負荷やショートにより、回路に過電流が流れたとき、自動的に内部接点を開いて電流を遮断し、回路を保護するための機器です。また、レバーを操作することで、手動による回路の開閉も可能です。

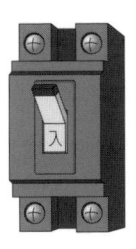

●図3.23　配線用遮断器

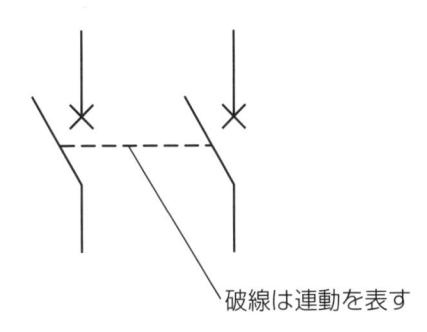

破線は連動を表す

●図3.24　配線用遮断器の図記号（2極の場合）

　なお、配線用遮断器の接点図記号にある×印はJISで定める限定図記号と呼ばれるもので、接点が遮断の機能を持つことを表します。

第3章●制御に使う様々な機器

機能	限定図記号	使用例
接点機能	◁	
遮断機能	×	
断路機能	—	
負荷開閉機能	○	
継電器または解放機構を備えた自動引外し機能	■	
位置スイッチ機能	▽	
自動復帰機能 例えば、ばね復帰	◁	
非自動復帰（残留）機能	○	

●図3.25　限定図記号

● 表示用機器と警報用機器

　自動制御機器には、運転状態を光で知らせる表示灯や、危険などを音で知らせる警報用機器が使われます。

　表示灯は、運転、停止、故障など、機器の動作状態を光で知らせる表示用機器です。

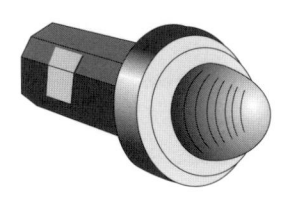

●図3.26　表示灯

　表示灯の色は機械の状態によって使い分けます。例えば危険な状態は赤色、正常な状態は緑色、異常な状態は黄色を使います。

●表3.1　表示灯の色と意味

色	意味	説明
赤色	非常	危険な状態
黄色	異常	異常な状態
緑色	正常	正常な状態

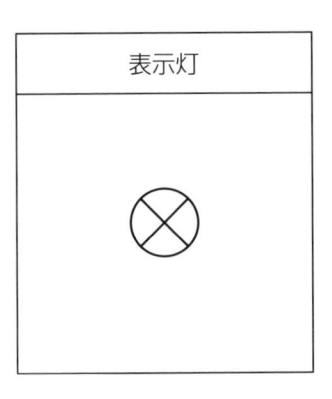

●図3.27　表示灯の図記号

第3章●制御に使う様々な機器

ベルやブザーは自動制御機器が危険または異常な状態になったことを、周囲の人に音で知らせる警報用機器です。

●図3.28　ベル

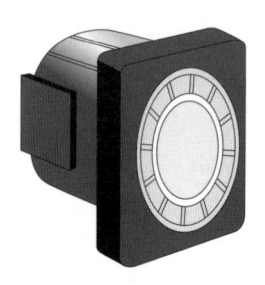

●図3.29　ブザー（盤用）

ベル	ブザー

●図3.30　ベル・ブザーの図記号

第4章
シーケンス図の描き方

「屋上で勉強しよう」？

は？

はい！

今日は天気もいいですし！ジュースもお菓子もありますよ？

まあまあいいじゃないですか～？

ちょちょっと!?

なんでわざわざ屋上なんかで……

あ…

外にちょっとでも慣れてもらおうって片付けてみました！

また あなた勝手なおせっかいを…

す、すみません！

でも

悪くはありませんね…！

ハハ！よかった…！

せっかくですし今日はここでこないだの続きを話しましょう

ぜひぜひ！

今日は『シーケンス図』についてでも話しましょうか

図…ですか？

以前

なお、シーケンス回路を描くときはJISで定められた接点の図記号を使って表し誰が見ても回路がわかるようにする必要があります

JIS図記号
メーク接点　ブレーク接点　切換え接点
(a接点)　　(b接点)　　　(c接点)

と話しましたがその図のことです

● 縦描きと横描き

シーケンス図は誰が見ても回路が理解できるように約束に従って描く必要があります

描き方にきちんとルールがあるってことですね！

はい

シーケンス図では電源を表す図記号は省略し平行に描いた電源線の間に接点や負荷などを描き込んでいきます

こんな感じで

一般に電気回路は電源スイッチ負荷を通る回路『閉回路』で、描きます

フム

一般の電気回路図
スイッチ
電源

☆シーケンス図
スイッチ
負荷
電源線

電源の図は省略する

大胆に省略しちゃうんですねー

コクリ

電源を2本横方向に引き信号の流れを縦方向に描く表し方を『縦描き』

電源2本縦方向に引き信号の流れを横方向に描く表し方を『横描き』

縦描き

信号の流れが縦方向

動作順序の方向

横描き

信号の流れが横方向

動作順序の方向

といいます…

2通りの描き方があるんですね！

スラスラ…

縦描きでは
各機器の動作していく順は
左から右に進行するように
描き…

横描きでは
上から下に向かって
動作が進んでいくように
描きます

順番にも気を付けなきゃ
ですね…！！

縦描き　　　横描き

また、接点は必ず
休止状態で描き
制御用機器や接点は
JISで定められた
図記号を使って
描き表します

勝手な図記号で
描いちゃダメなんですね

なんですか
その精神を不安定に
させる絵は…

第4章●シーケンス図の描き方　95

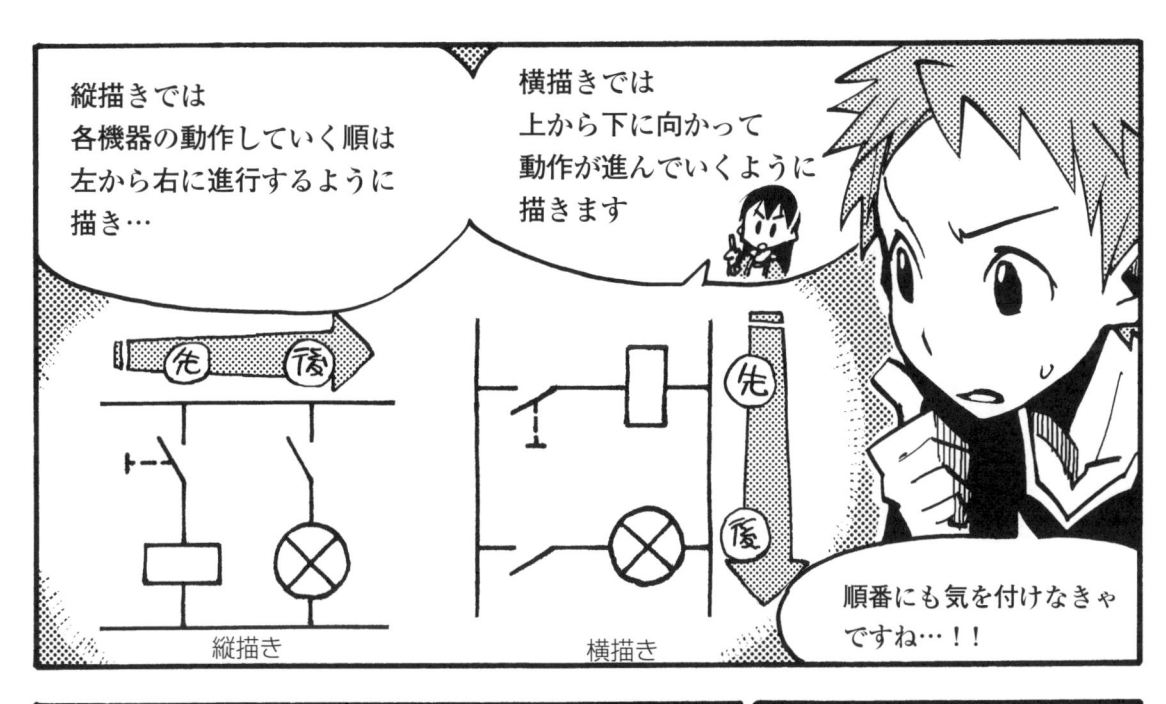

機器を表す文字記号

制御用機器や負荷がいくつもあると具体的にどの機器のものかわからなくなる…と思いませんか？

そういえば！そういうときどうするんです？

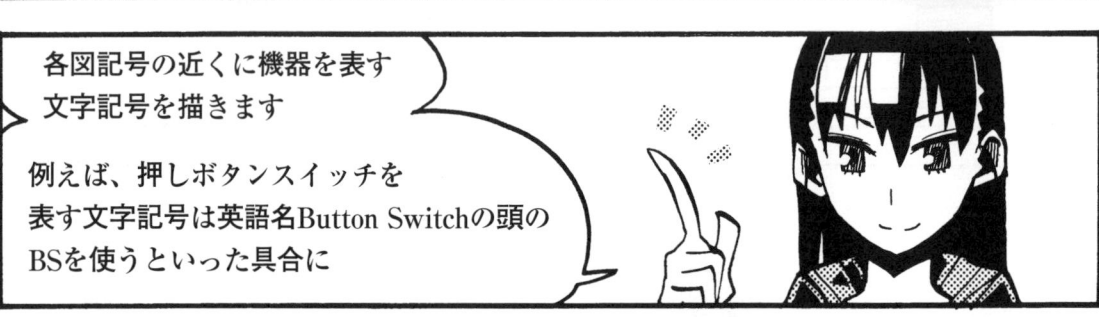

各図記号の近くに機器を表す文字記号を描きます

例えば、押しボタンスイッチを表す文字記号は英語名Button Switchの頭のBSを使うといった具合に

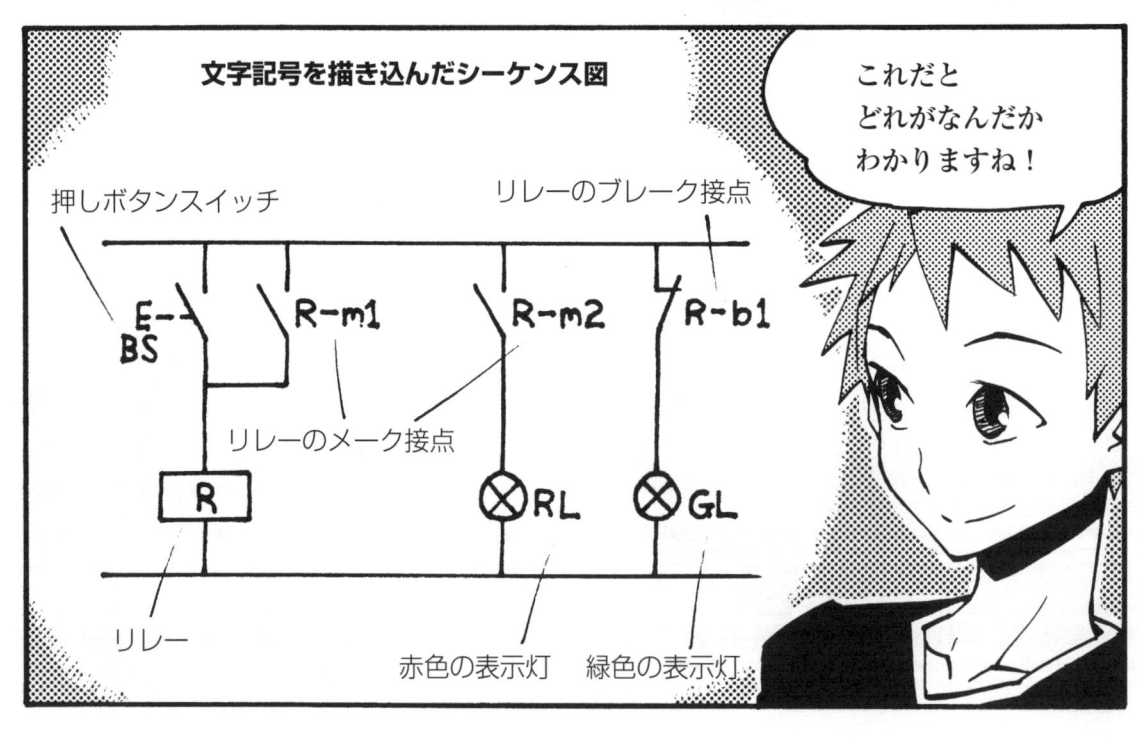

これだとどれがなんだかわかりますね！

文字記号を描き込んだシーケンス図

- 押しボタンスイッチ — BS
- リレーのメーク接点 — R-m1
- R-m2
- リレーのブレーク接点 — R-b1
- リレー — R
- 赤色の表示灯 — RL
- 緑色の表示灯 — GL

さらに、機器の機能も描き加える場合は機能を表す文字記号を先頭に付けます

例えば始動用の押しボタンスイッチはBSの前にStartの頭のSTを付け
ST-BS
と描き表します

E-
ST-BS

機能を表す　機器を表す

"機能＋機器"
という形ですね！

"昨日は危機"
と覚えます！

昨日が危機なら
今日はなんなんですか…

第4章●シーケンス図の描き方

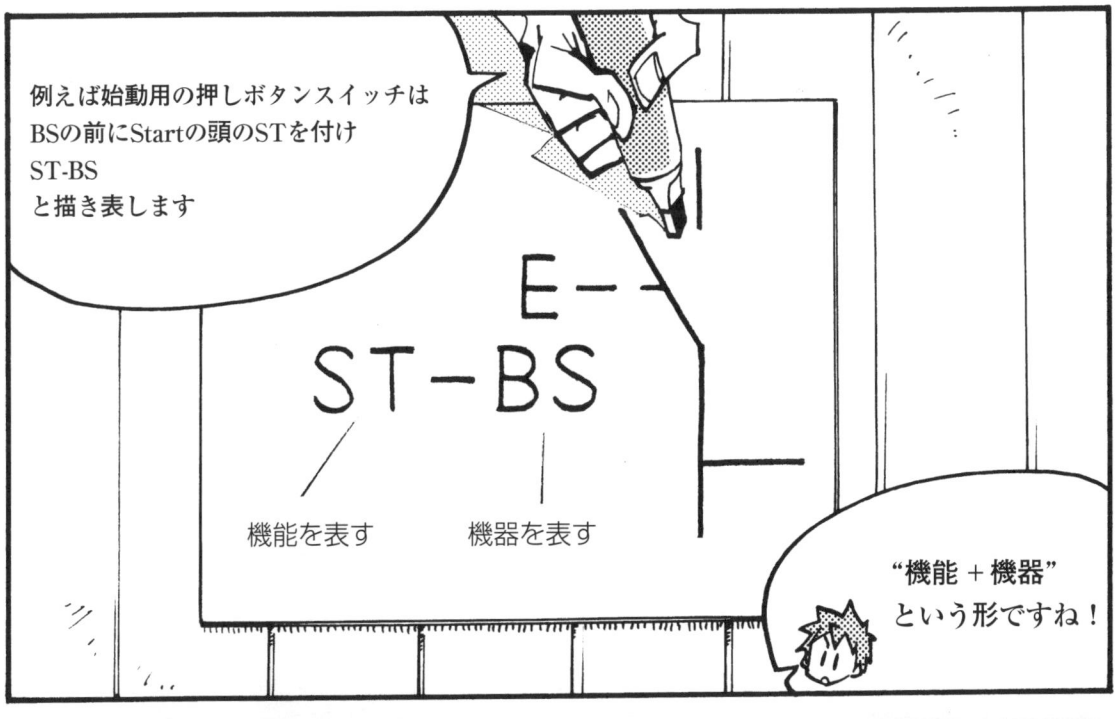

● 接続箇所の表し方と実際の接続

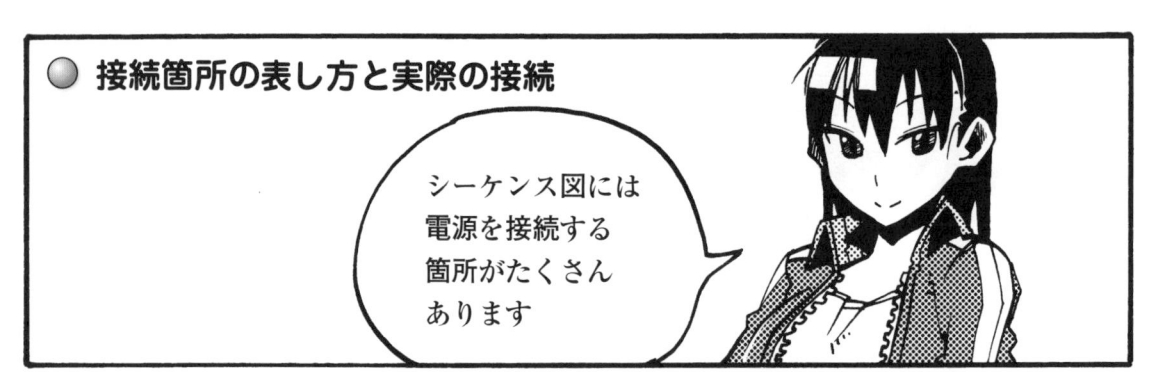

シーケンス図には電源を接続する箇所がたくさんあります

接続を表す方法は接続点に黒丸を付ける方法と

接続箇所をT字形に描き表す方法があります

どっちで描いてもいいんですか？

はい！どちらかに統一してあれば問題ありません

接続の表し方

黒丸で表す　　　T接続で表す

実はシーケンス図の接続点は実際の配線の接続とは全く違います

え？そうなんですか？

シーケンス図のように
電線同士を途中で
接続するのでなく
実際の配線では
電線を一旦
機器の端子へつなぎ
その端子から別の電線を使って
次の場所へつないでいきます
実際の配線
シーケンス図の
接続点
ここでは接続
しない
押しボタンスイッチ
実際の
接続場所
見た目だけでは
物事の本質は
わからないという
ことですね…
微妙に
深いこと
いいますね…
ハムハム！

● シーケンス図を読みやすくする

制御機器が多数ある
シーケンス図は
電磁リレーの接点などが
図面上どの位置にあるのか
非常にわかりづらく
なります

確かに
そうなり
そうですね
……

そこで
図面利用者が
接点などの位置を
簡単に見つけられるように
するため、
『位置参照方式』を使って
描く必要があります

なるほど…

位置参照方式には
『回路番号参照方式』と
『区分参照方式』
があります

これまた描き方が
いくつかあるんですね…

スラスラ〜

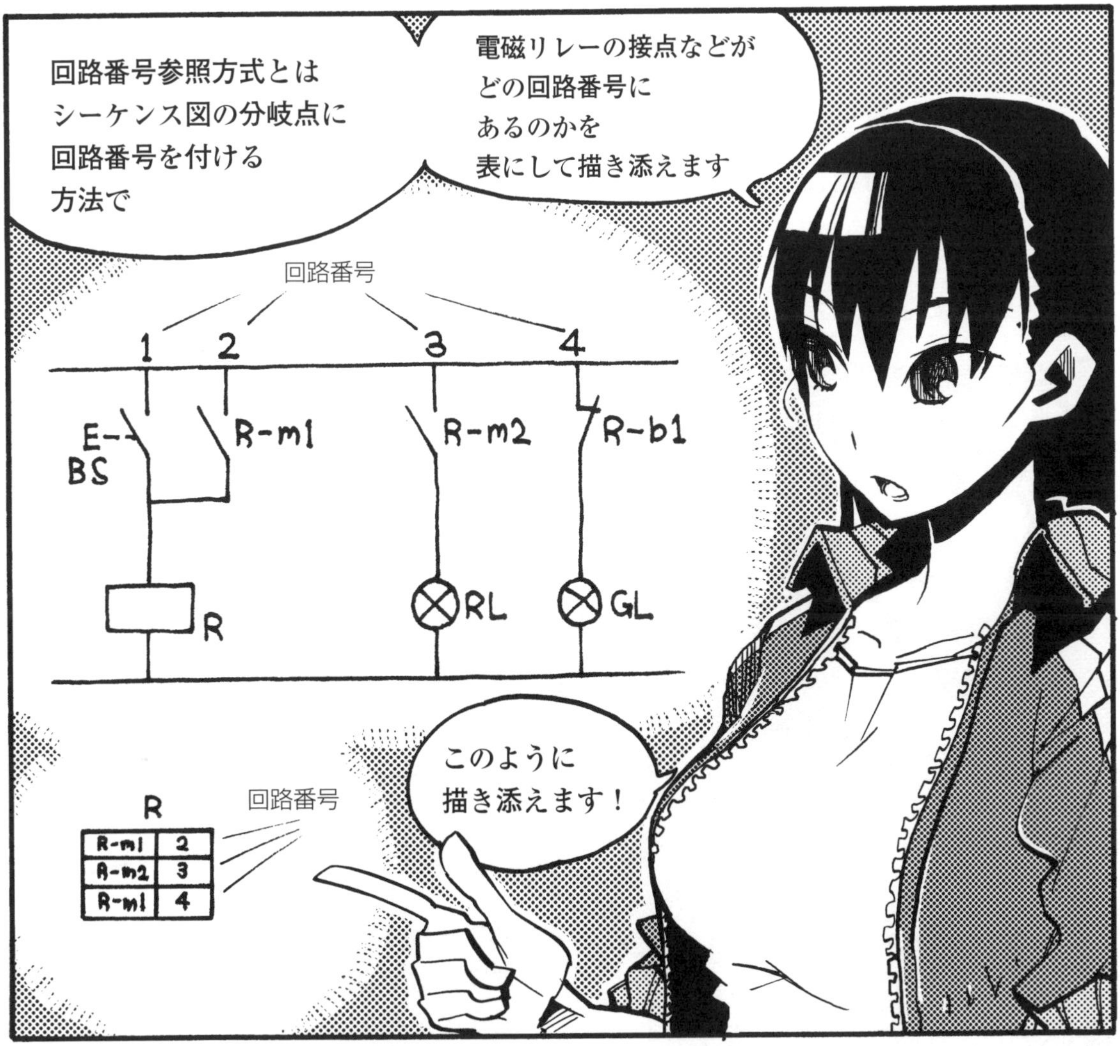
回路番号参照方式とは
シーケンス図の分岐点に
回路番号を付ける
方法で
電磁リレーの接点などが
どの回路番号に
あるのかを
表にして描き添えます
回路番号
1
2
3
4
E-
BS
R-m1
R-m2
R-b1
R
RL
GL
このように
描き添えます！
R
回路番号
R-m1 2
R-m2 3
R-m1 4

番号付けをして
わかりやすく
しているのですね
コクリ

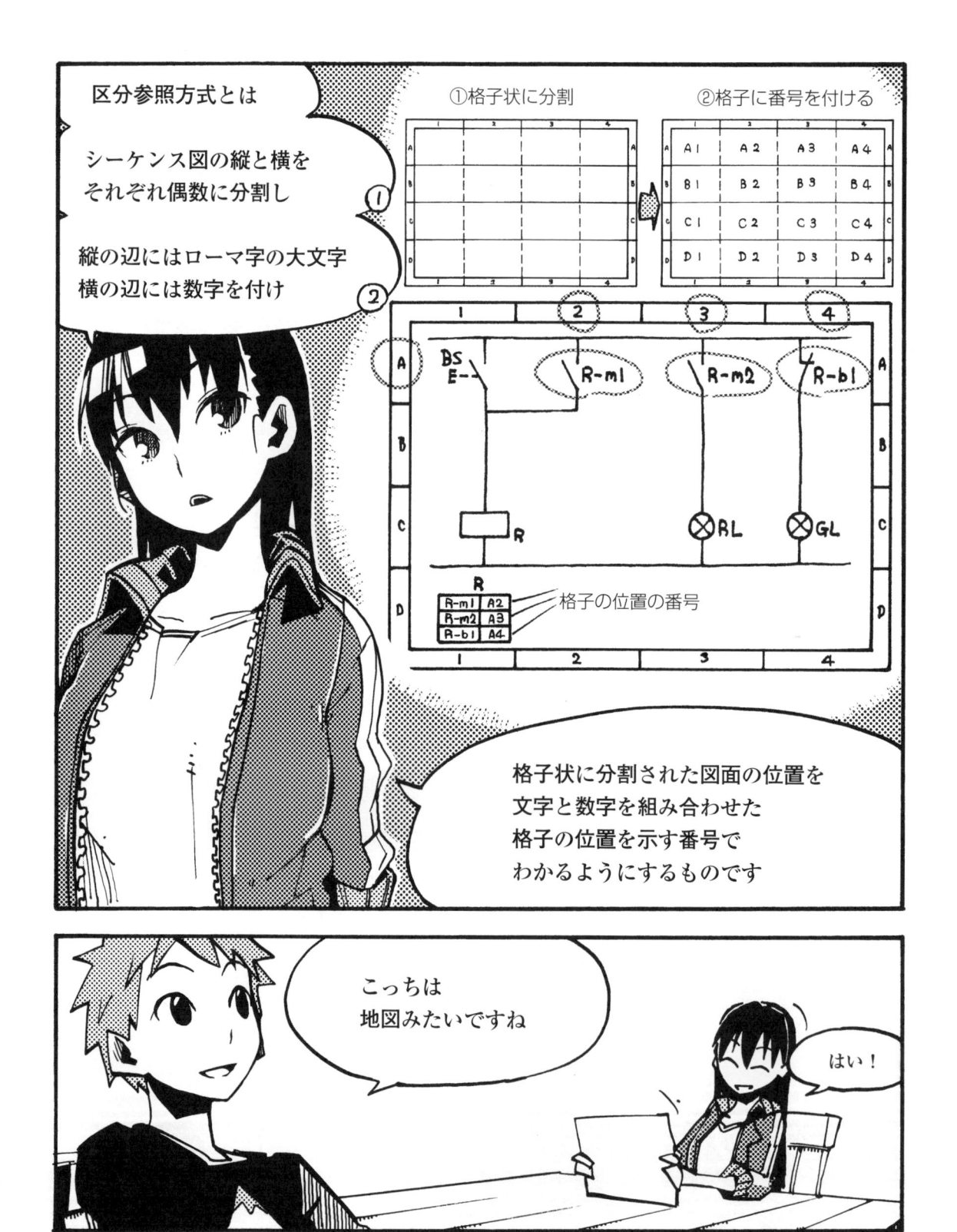

区分参照方式とは

シーケンス図の縦と横を
それぞれ偶数に分割し

縦の辺にはローマ字の大文字
横の辺には数字を付け

①格子状に分割　　②格子に番号を付ける

格子状に分割された図面の位置を
文字と数字を組み合わせた
格子の位置を示す番号で
わかるようにするものです

こっちは
地図みたいですね

はい！

図面に描かれた表を見れば
電磁リレーRの各接点が
図面のどの場所にあるか
簡単に見つけることが
できるでしょう？
わかりやすい！
はい！
シーケンス図の描き方を
しっかり覚えれば
そこにどういった内容が
描かれているか
読み解けるように
なりそうですね！
今日はもう
暮れてきましたので
この辺にしておき
ましょうか…
今日も
ありがとうございました！
別にお礼
いわれても…

あ

僕これから夕食の買い物にいきますけど夕食一緒に食べませんか？

どうせ一人分も二人分も作る手間は変わりませんし…！

じゃ

誰かと一緒に食べた方が絶対おいしいですよ！

じゃあお言葉に甘えようかしら…

はい！腕によりをかけて作っちゃいますよー！

第4章　フォローアップ

● シーケンス図の描き方の基本

　シーケンス図は、誰が見ても回路を理解できるように、一定のルールに従って描く必要があります。一般的なシーケンス図は、まず電源を平行に2本引き、その間にJISで定めた図記号を使って制御回路を描き込んでいきます。このとき、信号の流れる方向を縦に描くものを、縦描きといい、横に描くものを横描きといいます。また、負荷は、縦描きでは下側に、横描きでは右側に揃えて配置するように描きます。
　縦描きの場合、回路の動作順序は左から右に進むように描き、横描きの場合は、上から下に向かって進むように描きます。

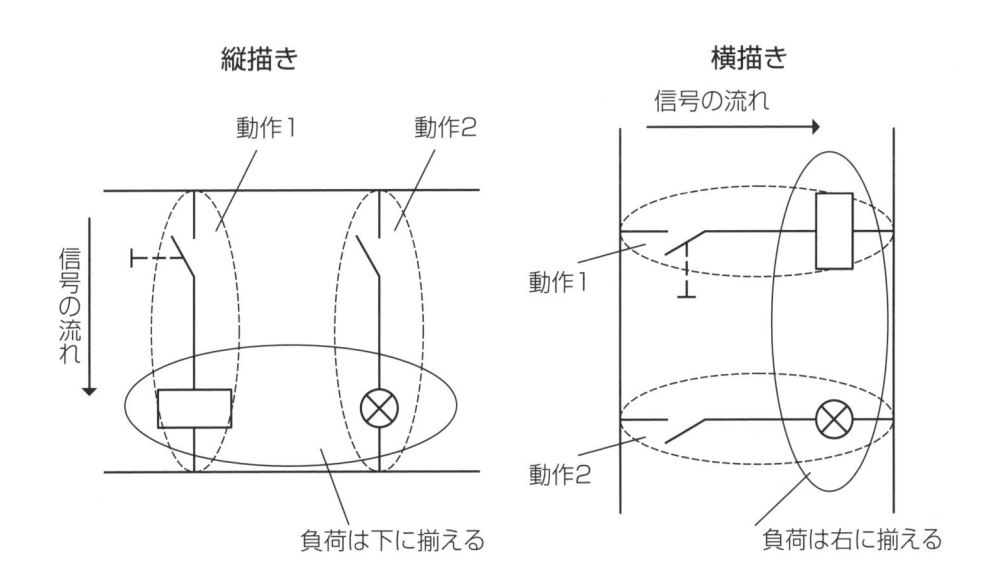

●図4.1　シーケンス図の縦描きと横描き

● シーケンス図と文字記号

　シーケンス図は、接点や制御用機器が複数あると、図を見ても回路の内容が理解できません。そこで、機能や機器を表す文字記号を描き込みます。文字記号は日本電機工業

会（JEMA）の定めたJEM規格によるものが一般的に使われています。

　例えば、始動用押しボタンスイッチには、始動という機能を表すST（Start）と、押しボタンスイッチという機器を表すBS（Button Switch）を合わせて、ST-BSの文字を傍記します。

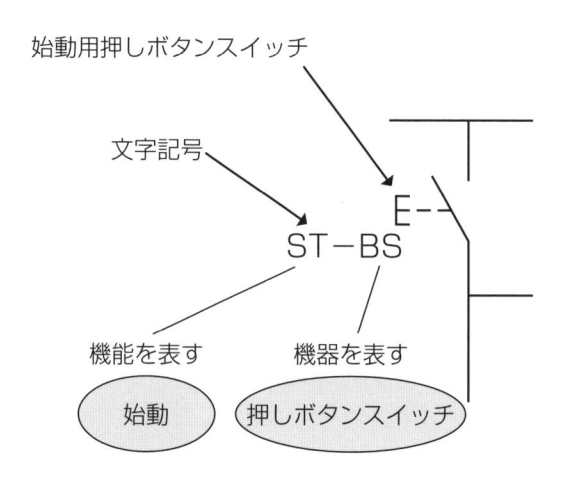

●図4.2　押しボタンスイッチと文字記号

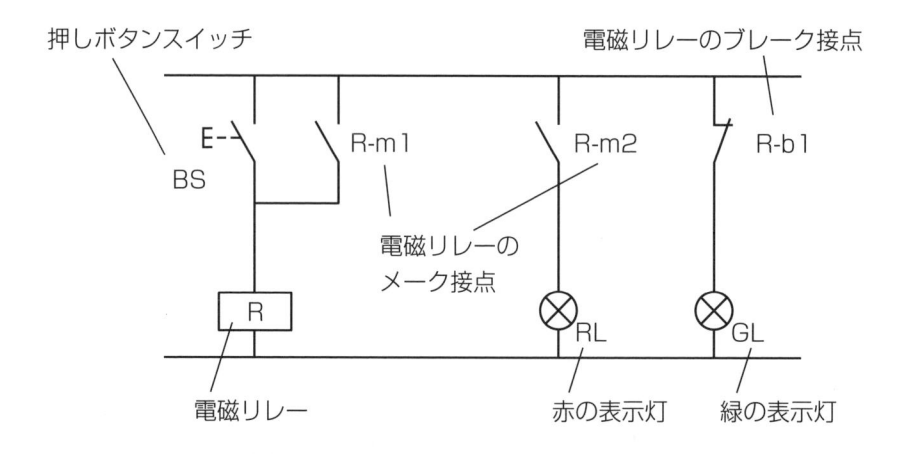

●図4.3　文字記号を描き込んだシーケンス図

シーケンス図に同じ機器が複数使われる場合は、機器を表す文字記号に番号を付けて区別します。例えば、電磁リレーが3つあるときは、R1、R2、R3のように表し、その接点も、R1-m1、R2-m1、R3-m1のように表します。

●表4.1 機能を表す文字記号
日本電機工業会（JEMA）JEM規格

文字記号	用　語	英　語　名
AUT	自動	Automatic
MAN	手動	Manual
OP	開	Open
CL	閉	Close
U	上	Up
D	下	Down
FW	前	Forward
BW	後	Backward
F	正	Forward
R	逆	Reverse
R	右	Right
L	左	Left
H	高	High
L	低	Low
OFF	開路	Off
ON	閉路	On
ST	始動	Start
STP	停止	Stop
RUN	運転	Run
ICH	寸動	Inching
RST	復帰	Reset
C	制御	Control
OPE	操作	Operation
B	遮断、制動	Breaking
CO	切換え	Change-over
HL	保持	Holding
R	記録	Recording
IL	インタロック	Interlocking

● 表4.2 機器を表す文字記号
日本電機工業会（JEMA）JEM規格

文字記号	用　語	英　語　名
AM	電流計	Ammeter
AXR	補助リレー	Auxiliary Relay
BL	ベル	Bell
BS	ボタンスイッチ	Button Switch
BZ	ブザー	Buzzer
CB	遮断器	Circuit-Breaker
COS	切換スイッチ	Change-over Switch
CS	制御スイッチ	Control Switch
ELCB	漏電遮断器	Earth leakage Circuit-breaker
F	ヒューズ	Fuse
FLTS	フロートスイッチ	Float Switch
G	発電機	Generator
GL	緑色表示灯	Signal Lamp Green
IM	誘導電動機	Induction Motor
KS	ナイフスイッチ	Knife Switch
LS	リミットスイッチ	Limit Switch
M	電動機	Motor
MC	電磁接触器	Electromagnetic contactor
MCCB	配線用遮断器	Molded-case Circuit-breaker
MS	電磁開閉器	Electromagnetic Switch
PHOS	光電スイッチ	Photoelectric Switch
PROS	近接スイッチ	Proximity Switch
PRS	圧力スイッチ	Pressure Switch
R	電磁リレー、電磁継電器	Relay
R	抵抗器	Resistor
RL	赤色表示灯	Signal Lamp Red
RS	ロータリスイッチ	Rotary Switch
STR	始動抵抗器	Starting Resistor
TC	引きはずしコイル	Trip Coil
TGS	トグルスイッチ	Toggle Switch
THR	サーマルリレー、熱動継電器	Thermal Relay
THS	温度スイッチ	Thermo Switch
TLR	タイマ、限時継電器	Time-lag Relay
VM	電圧計	Voltmeter
VR	抵抗器	Variable Resistor
WM	電力計	Wattmeter

● 制御機器端子記号

電磁リレーには複数の接点があります。配線を機器の端子に結線する際に、機器の端子記号がシーケンス図に描き込んであれば、作業がはかどり、間違いも防ぐことができます。また、保守点検の際も非常に楽になります。

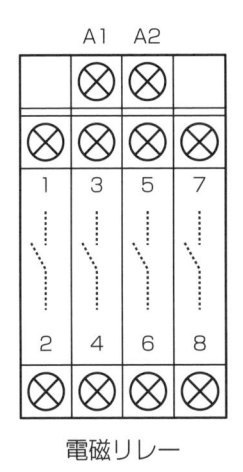

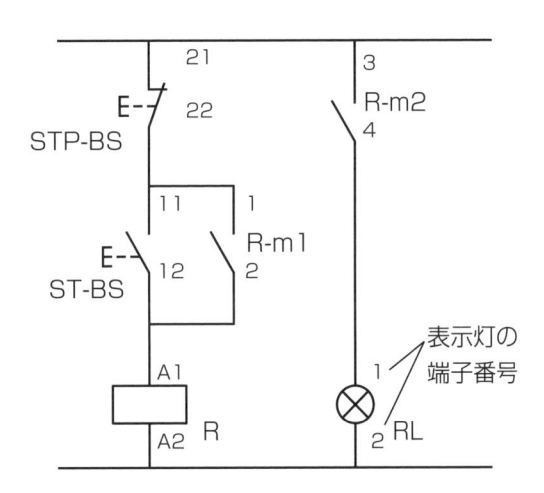

●図4.4 端子記号を描き込んだシーケンス図

● シーケンス図の位置参照方式

制御用機器がいくつもあるようなシーケンス図は、接点や機器のある場所を探すのに、とても苦労します。そこで、接点などの場所を簡単に見つけられるように、位置参照方式を使ってシーケンス図を描き表します。位置参照方式には、回路番号参照方式や区分参照方式があります。

回路番号参照方式とは、回路の分岐箇所に番号を付ける方式で、電磁リレーの接点などの位置は表に描き示しておきます。

R	
R-m1	2
R-m2	3
R-b1	4

表は、電磁リレーRの接点の位置を表したもので、例えば、メーク接点、R-m1は回路番号2番にあることを示す。

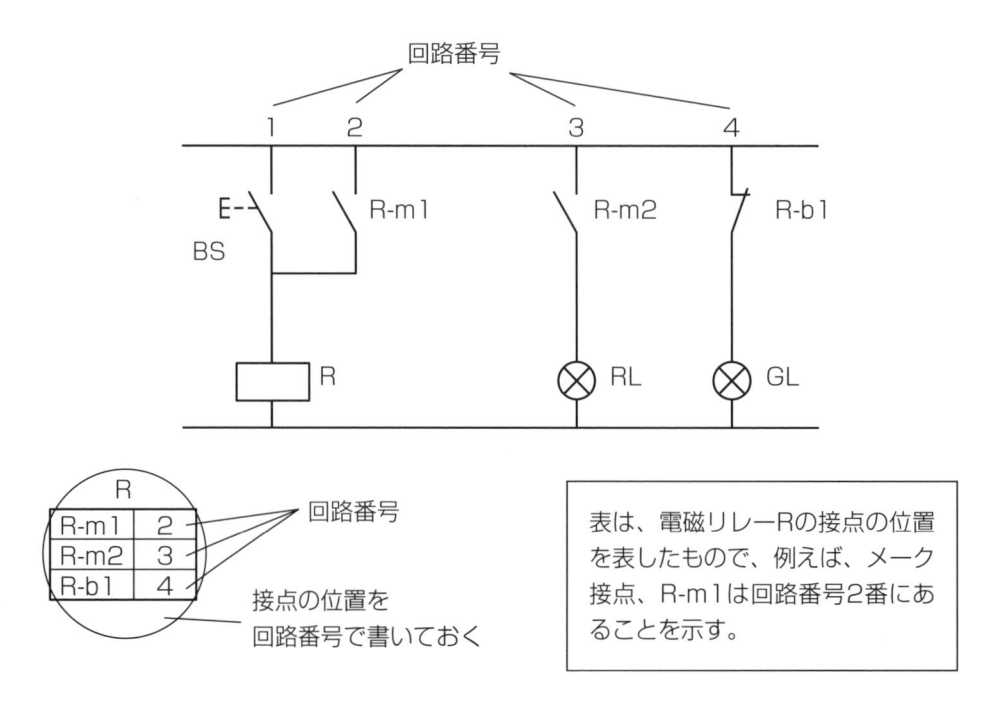

●図4.5　回路番号参照方式によるシーケンス図

区分参照方式とはシーケンス図の縦と横を格子状に分割する方式で、電磁リレーの接点などのある格子の番号を表に書き示しておきます。

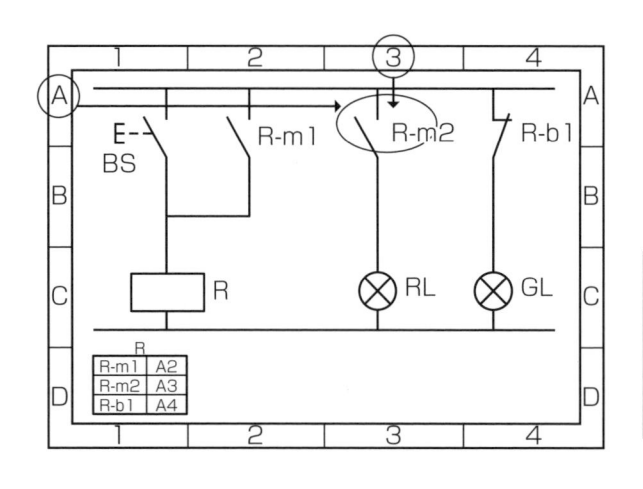

R	
R-m1	A2
R-m2	A3
R-b1	A4

電磁リレーRの接点の位置を表したもので、例えば、メーク接点、R-m2はA3の位置にあることを示す。

●図4.6　区分参照方式によるシーケンス図

● シーケンス図の読み方

シーケンス図を読むには、使用される図記号の意味やシーケンス図の基本的な約束を知る必要があります。例えば、図記号を見ただけでどのような機器が使われているのかイメージできれば、動作も理解しやすくなります。

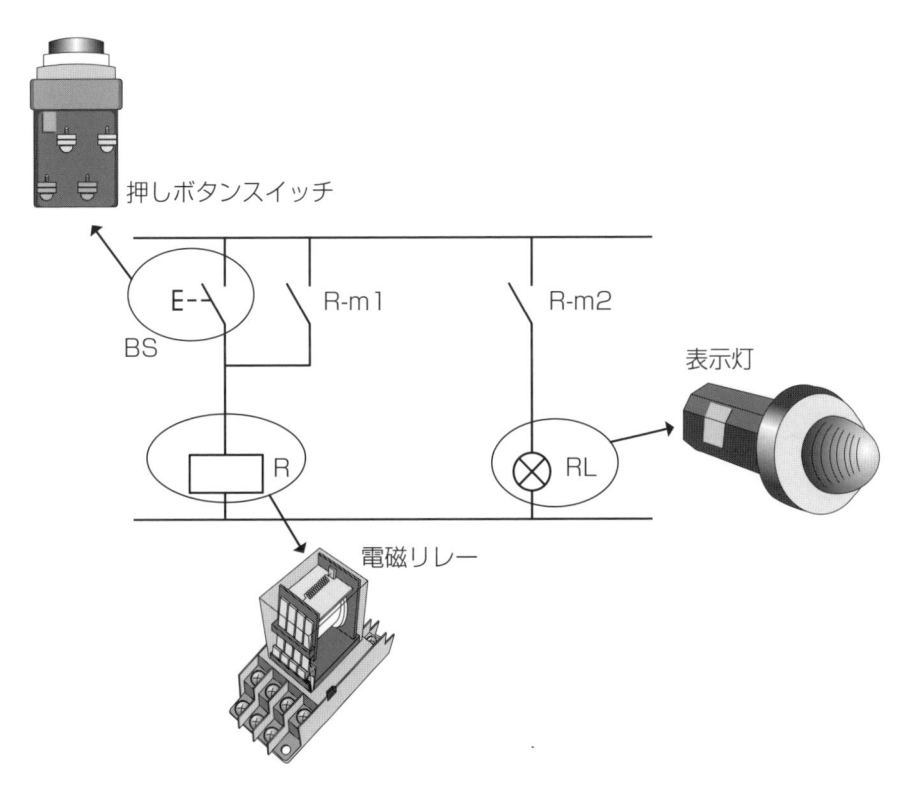

●図4.7　図記号を見て機器をイメージする

次に、実際にシーケンス図に目を通すには、基本的に動作の1番初めから順に見ていきます。例えば、縦描きのシーケンス図は、動作が左から右に向かって進みますから、まず初めに左上に注目します。

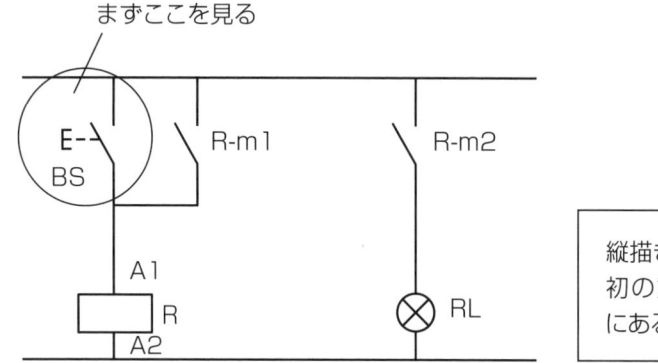

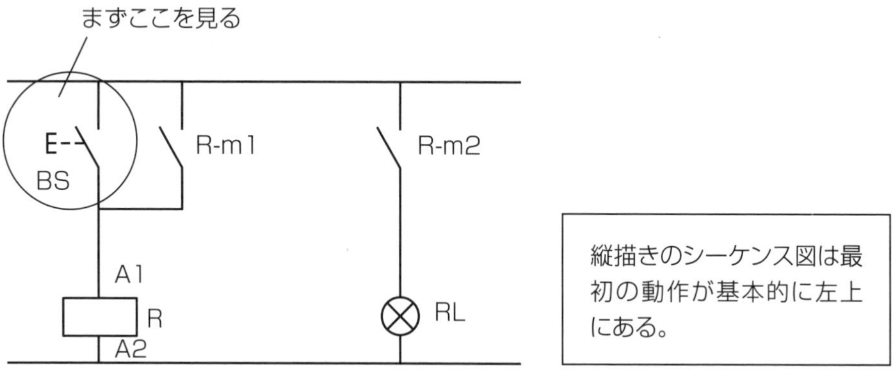

まずここを見る

●図4.8　シーケンス図の読み方　その1

縦描きのシーケンス図は最初の動作が基本的に左上にある。

　図4.8の回路では、左上には押しボタンスイッチのメーク接点があることがわかります。次にこの押しボタンスイッチを押したらどうなるかを考えます。

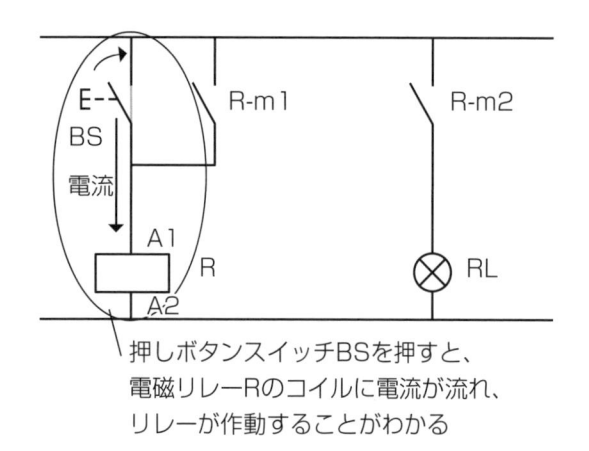

押しボタンスイッチBSを押すと、電磁リレーRのコイルに電流が流れ、リレーが作動することがわかる

●図4.9　シーケンス図の読み方　その2

　押しボタンスイッチを押すと電磁リレーのコイルに電流が流れ、電磁リレーが励磁することがわかります。そこで電磁リレーRの接点の位置を確認します。このとき、図中に位置参照方式による電磁リレーの接点の位置が表に示されていれば、簡単に接点の位置を見つけ出すことができます。

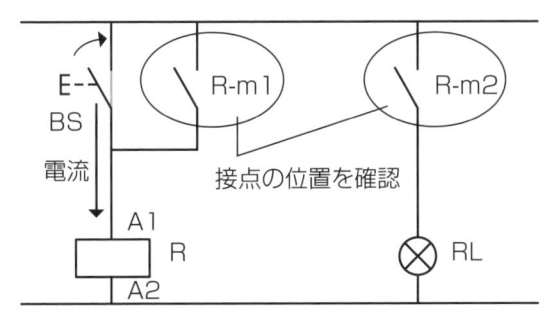

```
       ┌──↓───⌒──────⌒─────────┐
       E    R-m1    R-m2
       BS         接点の位置を確認
       電流
            A1
            │ R          ⊗ RL
            A2
```

電磁リレーの接点の位置を確認し、
接点が作動したらそれによって
次にどうなるのかを考える

●図4.10 シーケンス図の読み方 その3

　電磁リレーの接点を見つけたら、それらが作動したときに電流がどのように流れ、それにより次に何が作動するのかを考えます。この回路では、電磁リレーのメーク接点R-m2が閉じると表示灯RLが点灯することがわかります。
　基本的なシーケンス図は、このような手順で回路を見ていくことで、全体の動作や動作の流れを理解することができるようになります。

● シーケンス回路の故障原因の見つけ方

　シーケンス回路に故障などが発生した場合は、シーケンス図とあわせて、動作の順序や信号の流れを遡って見ていくことで、故障原因をある程度絞り込むことができます。
　例えば、表示灯RL①が全く点灯しない場合は、最初に表示灯そのものの良否を調べ、異常がなければ、次は表示灯を点滅する接点②に注目します。この接点は電磁リレーR③のメーク接点ですから、電磁リレーRの動作と接点そのものに異常がないか点検します。これらに問題がなければ次は電磁リレーRを作動させる押しボタンスイッチ④のメーク接点を調べます。

第4章●シーケンス図の描き方

●図4.11 故障原因の見つけ方

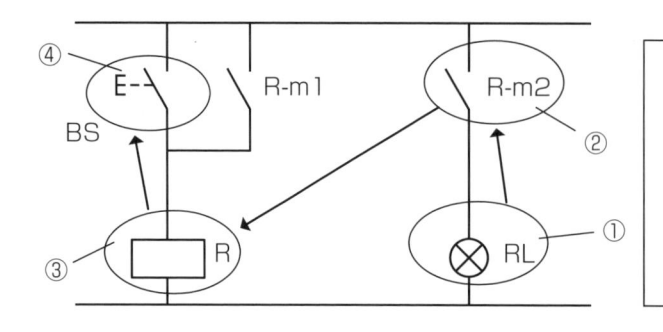

①表示灯RLの良否を調べる。
②接点R-m2を調べる。
③電磁リレーRを調べる。
④押しボタンスイッチBSを調べる。

　簡単なシーケンス回路の場合はどのような手順で調べても故障原因は簡単に見つかりますが、少し複雑な回路では、きちんと順序立てて調べることが重要です。

第5章
接点と論理回路

…

今日も話を
聞きにくるって
いったのに…
遅いわね…

ピンポーン♪

ハアハア…

遅れて
スミマセン…

第5章●接点と論理回路

私はまだ
迷子のようなもの
かもしれません…

へ？

な
なんでも
ありません

さ、シーケンスの話を
しましょう！

今日は接点と
論理回路の話です

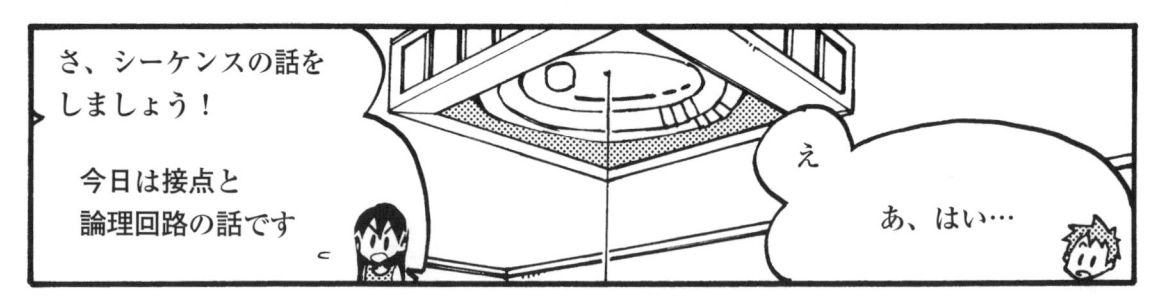

え
あ、はい…

● **デジタルとは**

まずは
デジタル※の
お話から

デジタル時計とかの
デジタルですか？

※JISでは『ディジタル』と呼ぶことになっていますが
本書では一般的な形で『デジタル』と記述してあります。

1つの押しボタンスイッチで表示灯を点滅する回路を例にしましょう

言葉としてはそうなのですがシーケンス制御におけるデジタルという概念の話です

フム

スイッチと表示灯は入力と出力の関係にありスイッチの動作は開と閉表示灯の動作には消灯と点灯

それぞれ相反する2つの状態があります

E── スイッチ
入力
⊗ 表示灯
出力

E── 開   E── 閉
⊗ 消灯   ⊗ 点灯

つまりスイッチを入れたら表示灯が点くという回路ですね

第5章●接点と論理回路

この回路では
スイッチの接点の開、閉が
入力信号
表示灯の消灯、点灯が
出力信号
ということになり

接点の開を0、
閉を1、
表示灯の消灯を0、
点灯を1
で表現することができます

スイッチ　　　　　表示灯
開状態　　閉状態　　消灯状態　　点灯状態

↓　　↓　　↓　　↓
0　　1　　0　　1

回路の状態を
0と1の数字で
表すんですか？

はい

このように
状態をそれぞれ0と1などの
数字で表現する方法を
『デジタル』といい

閉→◎
閉→1

デジタル化された
電気信号、すなわち
デジタル信号を
用いた回路を
『デジタル回路』
といいます

なるほど！

なお
この0と1は相反する2つの状態を数字で表現した『**2値信号**』というもので普段私たちが使っている数字とは違います

数字というよりあくまで記号のように考えるべきなのですね…

この回路の動作を0と1の2値信号で表すと
入力が0のとき、出力は0
入力が1のとき、出力は1
になり

表にするとこうなります

真理値表

入力（スイッチ）	出力（表示灯）
0（開）	0（消灯）
1（閉）	1（点灯）

このように2値信号を使って入力と出力の結果を表にしたものを『**真理値表**』といいます

第5章●接点と論理回路　121

● 論理回路とは

デジタル信号はコンピュータなどの電子回路で使われていますがコンピュータの論理演算をする回路には『論理回路』と呼ばれる接点の組み合わせで構成された回路が使われています

コンピュータというといかにもデジタルっていう感じがしますよね！

古い…

コンピュータのような複雑な計算をするものでも最小単位の回路は0と1の2値信号で表せる論理回路なのです

なるほど！

ただし

コンピュータには接点が物理的な接触を用いた**『有接点』**ではなくトランジスタなどの半導体を使い物理的な接触のない**『無接点』**で構成されています

確かにコンピュータの中で接点がカチャカチャ動いてるイメージではないですね

シーケンス制御回路も基本的な論理回路の組み合わせから構成されています

論理回路にも様々な種類がありますが…今日は

AND（論理積回路）
OR（論理和回路）
NOT（論理否定回路）
の基本的な3種類を紹介しましょう

よろしくお願いします！

第5章●接点と論理回路　123

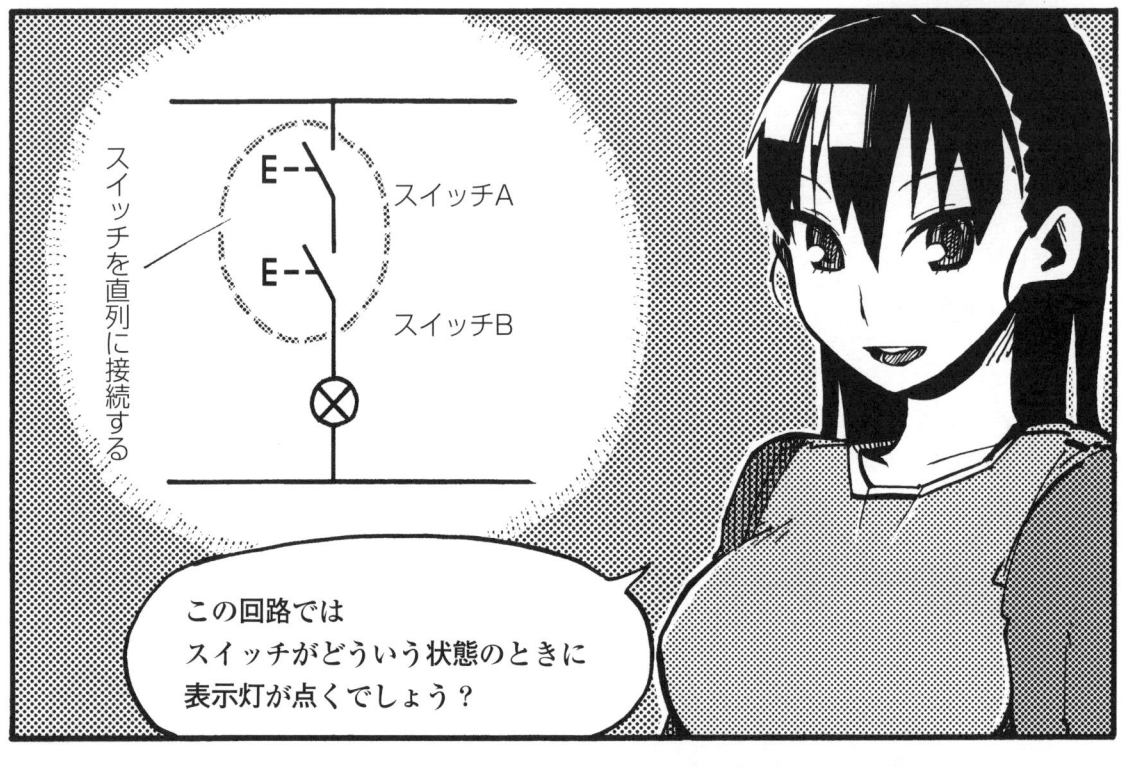

それぞれがどんなものか説明しましょう

まず スイッチAのメーク接点とスイッチBのメーク接点を直列に接続し そこに表示灯をつないだ回路で考えてみましょう

はい

スイッチを直列に接続する

スイッチA
スイッチB

この回路ではスイッチがどういう状態のときに表示灯が点くでしょう？

それはスイッチAもBも同時に押したときですよね？

片方だけ押しても点かないでしょ

AND回路
(論理積回路)

スイッチA 閉
スイッチB 閉
点灯

そうですね

このように
すべての入力が1のときだけ
出力が1になる回路を
『AND回路』
または
『論理積回路』
といいます

スイッチA"と"Bだから
"AND"なんですね！

なお、AND回路の
真理値表は
このようになります

AND回路の真理値表

入力		出力
スイッチA	スイッチB	表示灯
0（開）	0（開）	0（消灯）
1（閉）	0（開）	0（消灯）
0（開）	1（閉）	0（消灯）
1（閉）	1（閉）	1（点灯）

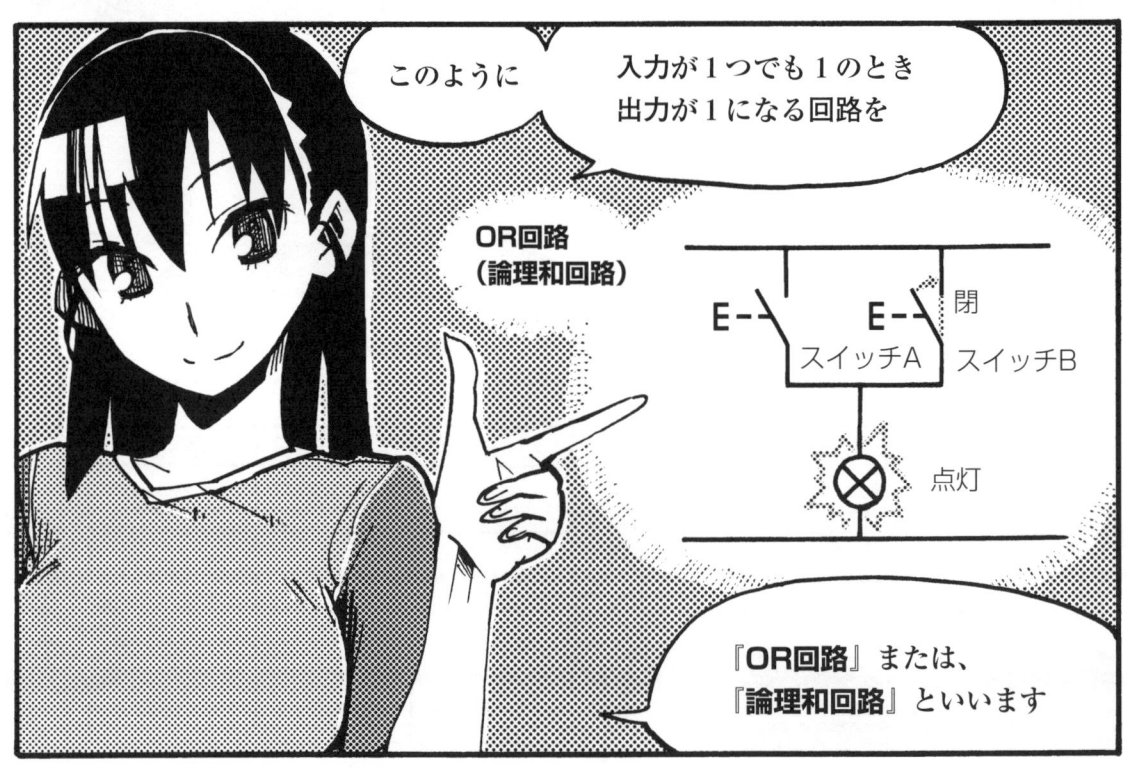

次はOR回路ですが

これはスイッチAとBのメーク接点を並列に接続しそこに表示灯をつなぐ回路で考えてみましょう

この回路だとスイッチAだけ押したときでもスイッチBだけ押したときでも表示灯は点きますね

スイッチを並列に接続する

スイッチA　スイッチB

表示灯

あとAとB両方押したときもですね

このように　入力が1つでも1のとき出力が1になる回路を

OR回路（論理和回路）

スイッチA　スイッチB　閉

点灯

『OR回路』または、『論理和回路』といいます

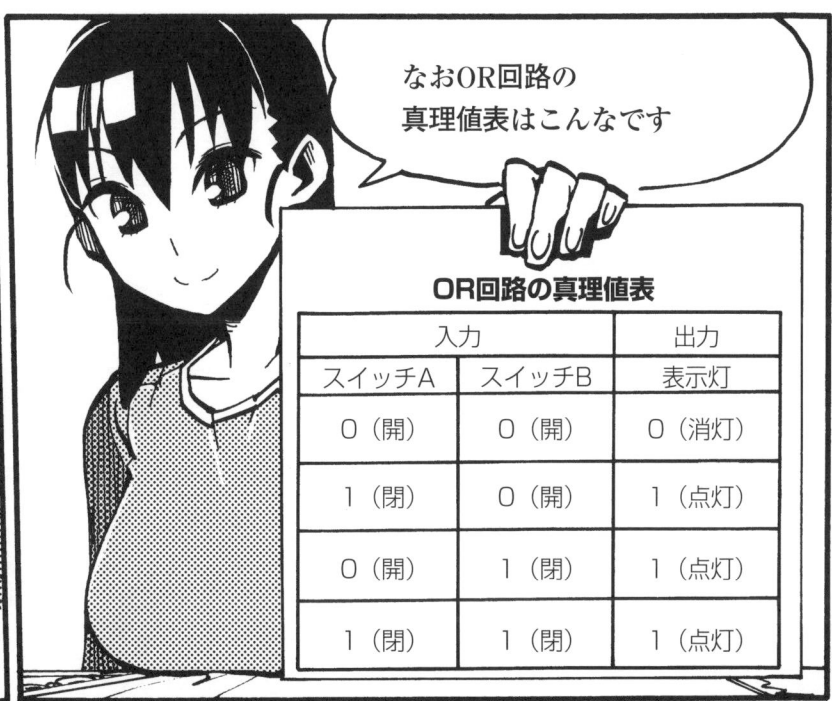

スイッチA "か" B
だから
"OR" なんですね

コクリ！

なおOR回路の
真理値表はこんなです

OR回路の真理値表

入力		出力
スイッチA	スイッチB	表示灯
0（開）	0（開）	0（消灯）
1（閉）	0（開）	1（点灯）
0（開）	1（閉）	1（点灯）
1（閉）	1（閉）	1（点灯）

最後はNOT回路
ですね

NOT回路は
AND回路や
OR回路と違って
言葉からイメージ
しづらいですね

うーん

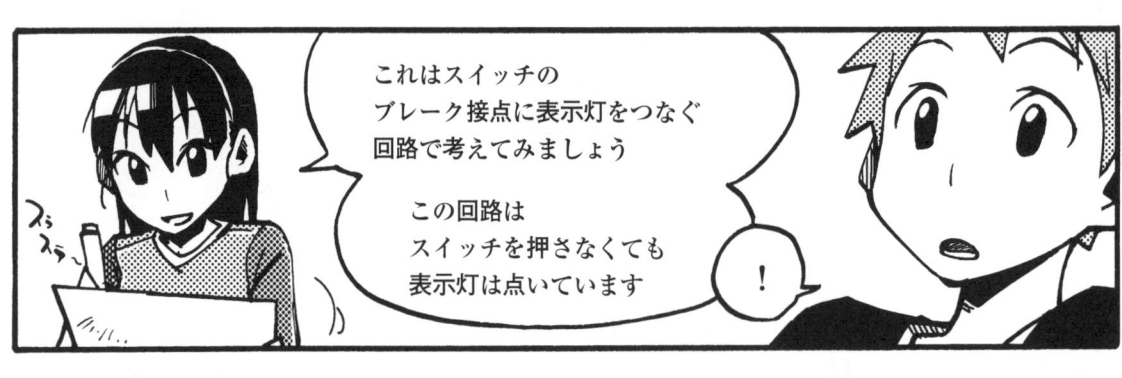

これはスイッチの
ブレーク接点に表示灯をつなぐ
回路で考えてみましょう

この回路は
スイッチを押さなくても
表示灯は点いています

！

ブレーク接点を使う

E

点灯

スイッチを押さなくても
点灯している

なるほど！

そしてこの回路は
スイッチを押すと
ブレーク接点が開き
表示灯が消えます

つまり
入力がないときに、出力があり
入力があると、出力がなくなる
動作をします

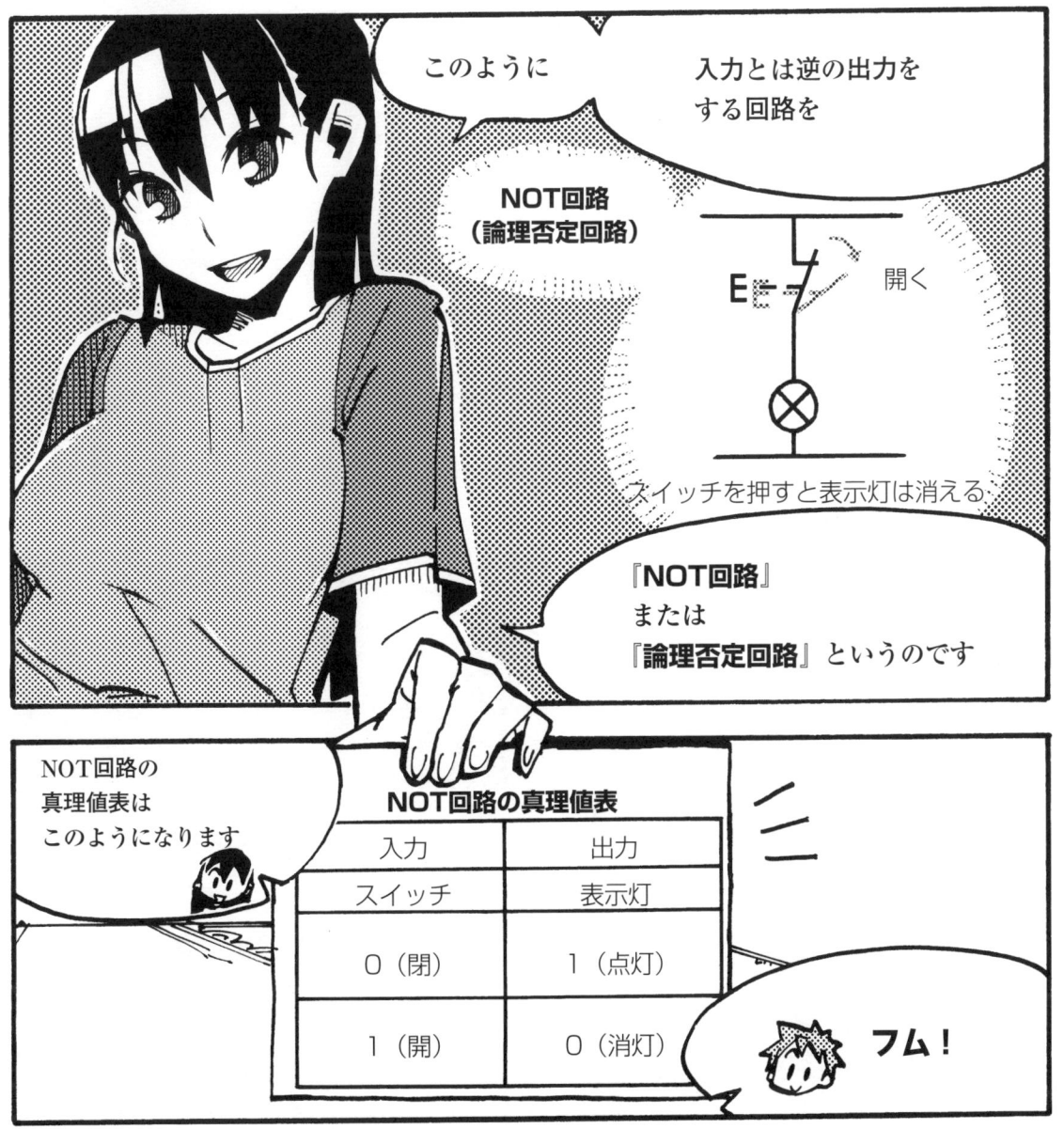

あ！ 入力と出力が反対だから"NOT"なのか——！

コクリ

このように 入力とは逆の出力をする回路を

NOT回路
（論理否定回路）

開く

スイッチを押すと表示灯は消える

『NOT回路』
または
『論理否定回路』というのです

NOT回路の真理値表はこのようになります

NOT回路の真理値表

入力	出力
スイッチ	表示灯
0（閉）	1（点灯）
1（開）	0（消灯）

フム！

第5章●接点と論理回路

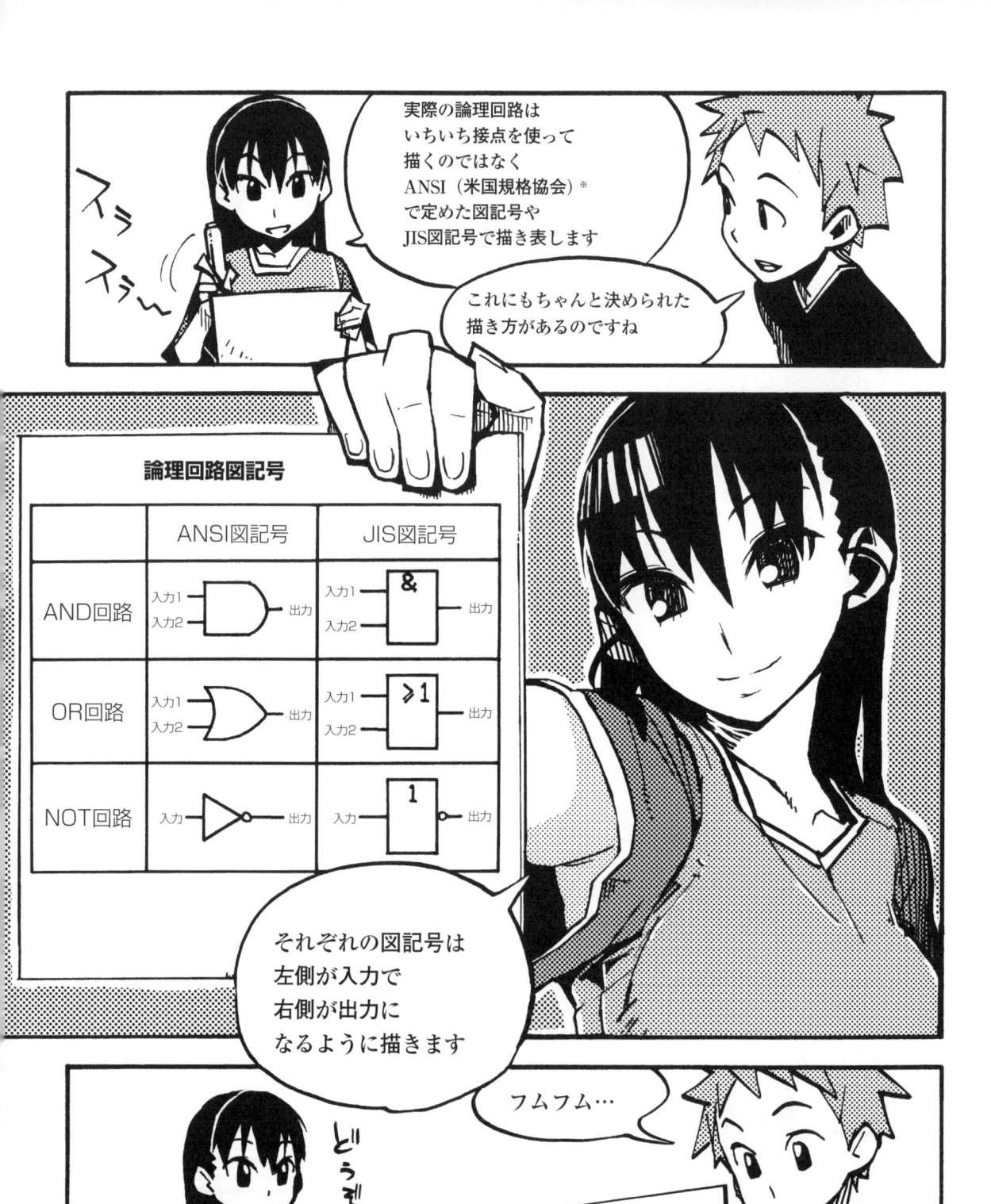

実際の論理回路はいちいち接点を使って描くのではなくANSI（米国規格協会）※で定めた図記号やJIS図記号で描き表します

これにもちゃんと決められた描き方があるのですね

論理回路図記号

	ANSI図記号	JIS図記号
AND回路	入力1 入力2 → 出力	入力1 入力2 → & → 出力
OR回路	入力1 入力2 → 出力	入力1 入力2 → ≧1 → 出力
NOT回路	入力 → 出力	入力 → 1 → 出力

それぞれの図記号は左側が入力で右側が出力になるように描きます

フムフム…

どうぞ！

※ANSI：American National Standards Institute
アンスィー、米国規格協会

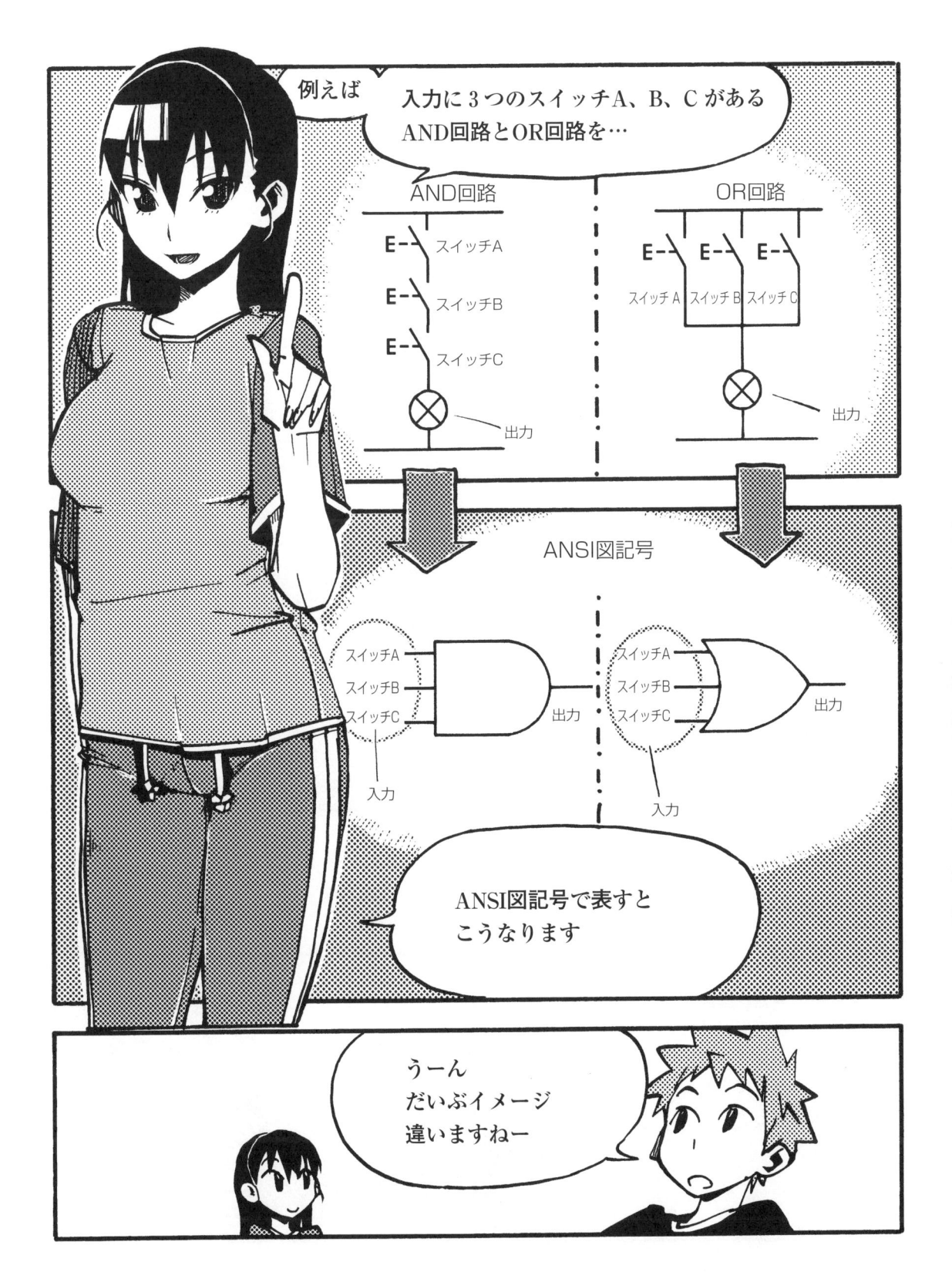

例えば：入力に3つのスイッチA、B、CがあるAND回路とOR回路を…

AND回路

OR回路

ANSI図記号で表すとこうなります

うーん
だいぶイメージ違いますねー

第5章●接点と論理回路

また

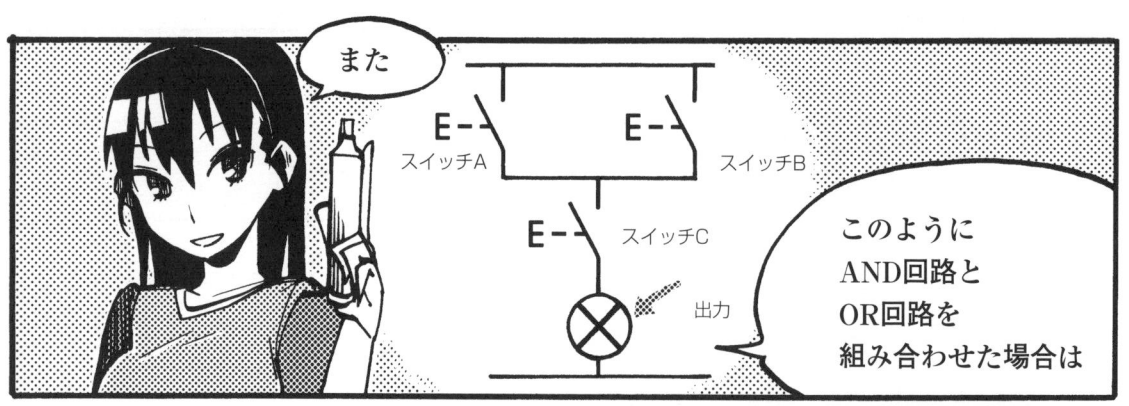

スイッチA　スイッチB

スイッチC

出力

このように
AND回路と
OR回路を
組み合わせた場合は

まず
スイッチAとスイッチBを
OR図記号で表し

OR

スイッチA
スイッチB

AND

スイッチC

出力

その出力とスイッチCを
AND図記号で
表します

そっかー！
複雑な回路も
論理図記号を使って描くと
シンプルな形で
表現できるんですねー

さて、
今日はこの辺に
しておきましょう

第5章●接点と論理回路 133

それは私が大学に入学した頃の事—

6F

ここに住んでいた両親と祖母は揃って旅行に行くことになった

そのとき、私ははじめたばかりのネットトレードに夢中だったこともあって1人留守番することにした

そして何事もなく数日が過ぎたのだが…

え

事故…！？

それはあまりにあっけない出来事だった…

それ以来、私は外出することに恐怖を感じてしまい家から出られなくなっていったのだった…

私の心はあのときから迷子のように不安なままかもしれません…

ま、ひきこもってるのに迷子というのもおかしな話ですが…

第5章●接点と論理回路　135

ちょ
ちょっとあなた!?
何泣いてるん
ですか?

うぐっ!

だって

僕は大家さんの
そんな事情も
知らずに…
…勝手に…っ!

た、確かに
あなたが私のところを
訪れたときは正直
めんどくさい人だと
思ってましたけどっ…!
その…

あの…

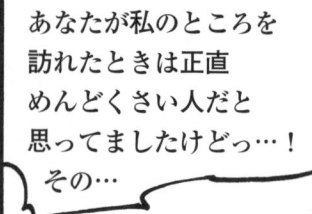

?

感謝している
ところもあるんです…

こんな自分でも
気にかけてくれる
人がいるんだなって…

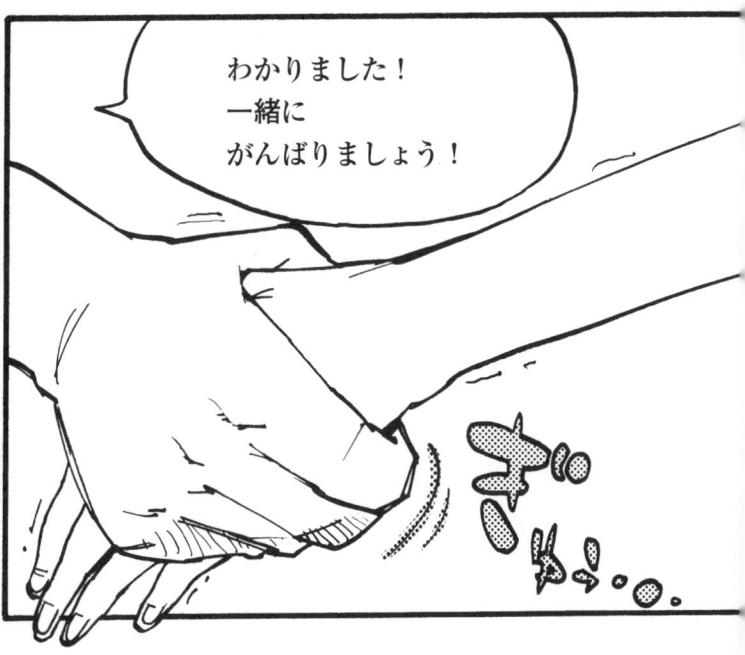

第5章●接点と論理回路

第5章　フォローアップ

2値信号

　接点には、「開」または「閉」の2つの状態があり、これに接続された表示灯の動作には「消灯」または「点灯」の2つの状態があります。これら相反する2つの状態を0と1などの数字を使って表現するものをデジタルと呼びます。この0と1は普段使う数字ではなく、相反する2つの状態を数字で表したもので2値信号といいます。

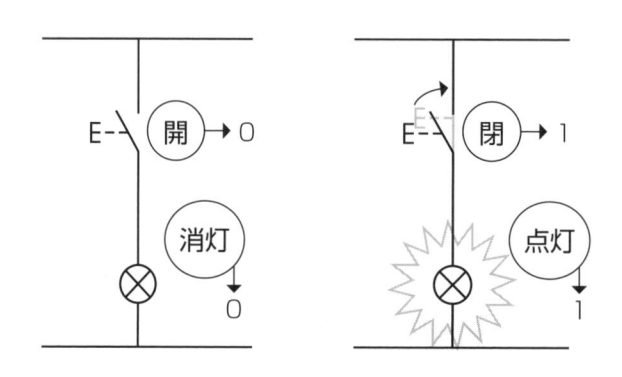

●図5.1　表示灯の点滅と2値信号

　この回路の動作結果を2値信号で表すと次のようになります（表5.1）。

●表5.1　表示灯の点滅と真理値表

入力（スイッチ）	出力（表示灯）
0（開）	0（消灯）
1（閉）	1（点灯）

　このように、すべての入力に対する出力の結果を、2値信号を使って表にしたものを真理値表と呼びます。論理回路は真理値表から回路の内容を知ることができます。

● 基本的な論理回路

　デジタル信号を使って論理演算をするコンピュータの回路は、トランジスタやダイオードなど、スイッチの働きをする半導体素子で作られた論理回路で構成され、0と1に相当する信号は、電圧の「低い」、「高い」、を使って表します。たくさんの接点を用いるシーケンス制御回路も、基本的な論理回路の組み合わせから構成されています。

　論理回路には、AND（アンド）回路、OR（オア）回路、NOT（ノット）回路の3つの基本的なタイプがあり、複雑な回路もこれらの組み合わせからできています。

　AND回路とは、論理積回路とも呼び、すべての入力が1のときに出力が1になる回路です。接点を使ってAND回路を示すと、図5.2のように、接点を直列に接続した回路になります。

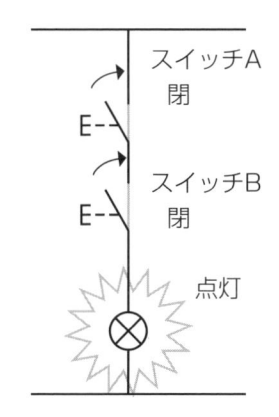

●図5.2　AND回路

●表5.2　AND回路の真理値表

入力		出力
スイッチA	スイッチB	表示灯
0（開）	0（開）	0（消灯）
1（閉）	0（開）	0（消灯）
0（開）	1（閉）	0（消灯）
1（閉）	1（閉）	1（点灯）

　OR回路とは、論理和回路とも呼び、入力に1つでも1があると、出力が1になる回路です。接点を使ってOR回路を示すと、図のように接点を並列に接続した回路になります。

スイッチA　　　スイッチB
　　　　　　　　　閉

点灯

Aまたは（OR）Bを押すと表示灯が点灯する。

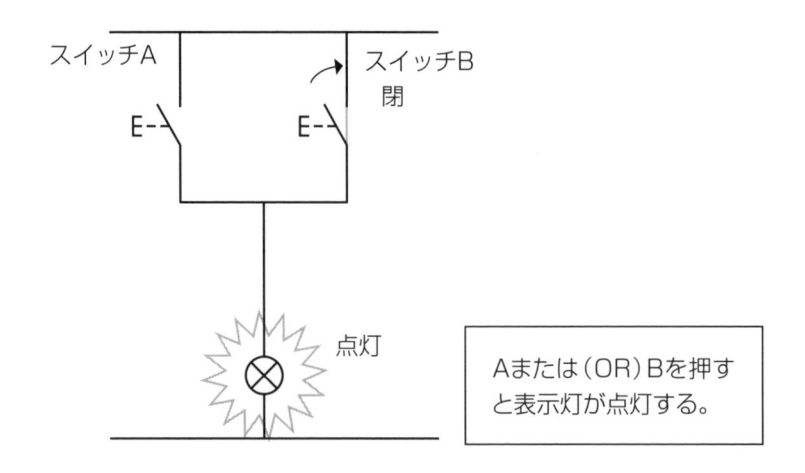

●図5.3　OR回路

●表5.3　OR回路の真理値表

入力		出力
スイッチA	スイッチB	表示灯
0（開）	0（開）	0（消灯）
1（閉）	0（開）	1（点灯）
0（開）	1（閉）	1（点灯）
1（閉）	1（閉）	1（点灯）

　NOT回路とは、論理否定回路とも呼び、入力と出力が1つずつで、入力が反転（否定）されて出力する回路です。接点を使ってNOT回路を示すと、ブレーク接点を使った図5.4のような回路になります。

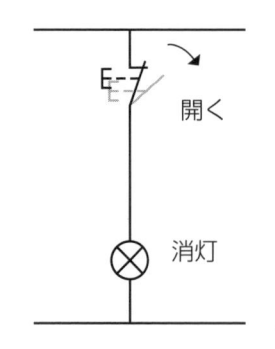

開く

消灯

最初から表示灯が点灯し、ボタンを押すと消灯する。入力を否定（NOT）して出力する回路。

●図5.4　NOT回路

●表5.4　NOT回路の真理値表

入力	出力
ブレーク接点	表示灯
0（閉）	1（点灯）
1（開）	0（消灯）

　AND回路やOR回路にNOT回路を組み合わせると、出力がそれぞれ否定された論理回路になります。

　AND回路とNOT回路を組み合わせたものをNAND（ナンド）回路（否定論理積回路）といいます。この回路はすべての入力が1のときだけ、出力が0になります。

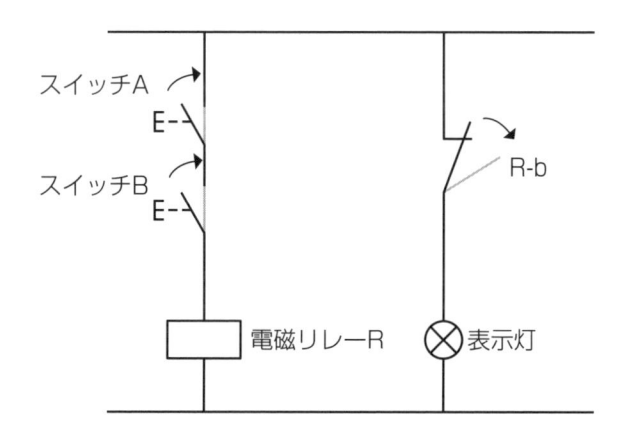

●図5.5　NAND回路

●表5.5　NAND回路の真理値表

入力		出力
スイッチA	スイッチB	表示灯
0（開）	0（開）	1（点灯）
1（閉）	0（開）	1（点灯）
0（開）	1（閉）	1（点灯）
1（閉）	1（閉）	0（消灯）

　OR回路とNOT回路を組み合わせたものをNOR（ノア）回路（否定論理和回路）といいます。この回路はすべての入力が0のとき、出力が1になります。

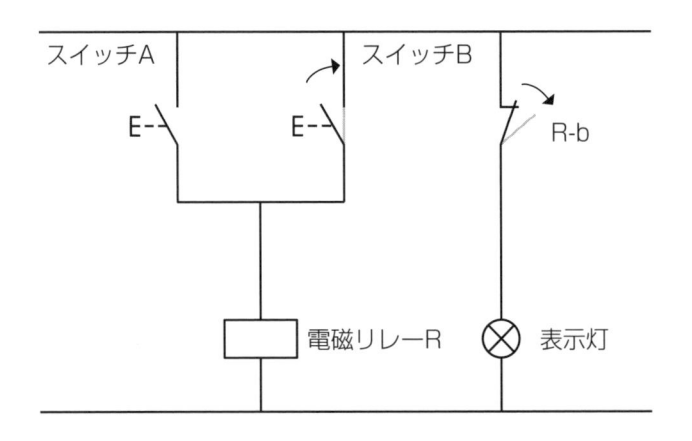

●図5.6　NOR回路

●表5.6　NOR回路の真理値表

入力		出力
スイッチA	スイッチB	表示灯
0（開）	0（開）	1（点灯）
1（閉）	0（開）	0（消灯）
0（開）	1（閉）	0（消灯）
1（閉）	1（閉）	0（消灯）

● 論理回路を表す図記号

論理回路は一般に、ANSI（米国規格協会）やJISなどで定めた、図記号を使って描き表します。論理図記号は、左側が入力、右側が出力になるように描きます。

● 表5.7　論理図記号

	ANSI図記号	JIS図記号
AND回路	入力1, 入力2 → 出力	入力1, 入力2 →[&]→ 出力
OR回路	入力1, 入力2 → 出力	入力1, 入力2 →[≧1]→ 出力
NOT回路	入力 → 出力	入力1 →[1]→ 出力
NAND回路	入力1, 入力2 → 出力	入力1, 入力2 →[&]→ 出力
NOR回路	入力1, 入力2 → 出力	入力1, 入力2 →[≧1]→ 出力

注：ANSI図記号は一般にMIL記号と呼ばれていたが、現在はANSI規格に移行している。
　ANSI（American National Standards Institute）米国規格協会
　MIL規格（Military Specifications and Standards）米国の軍仕様

接点を使って描かれた回路を論理図記号で表すと、比較的簡素化された図になります。
例えば、入力が3つあるAND回路やOR回路を論理図記号で表すと、それぞれ次の図のようになります。

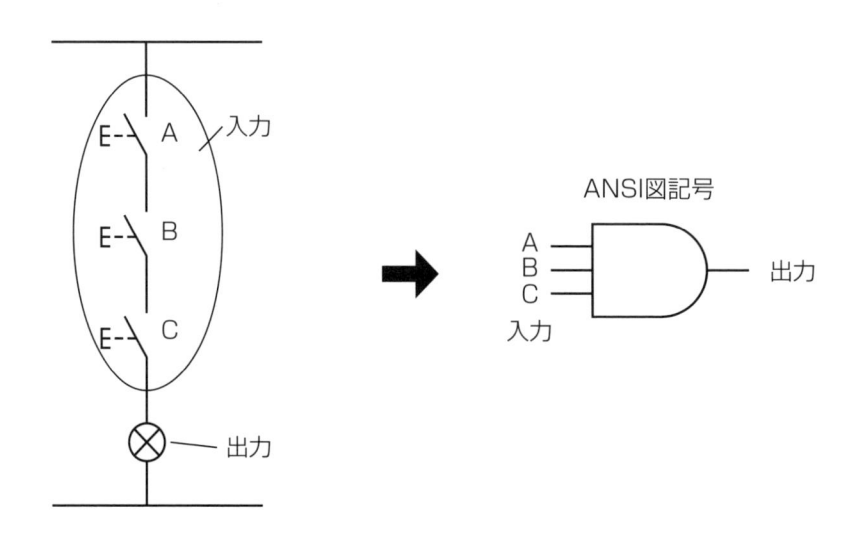

●図5.7　入力が3つあるAND回路

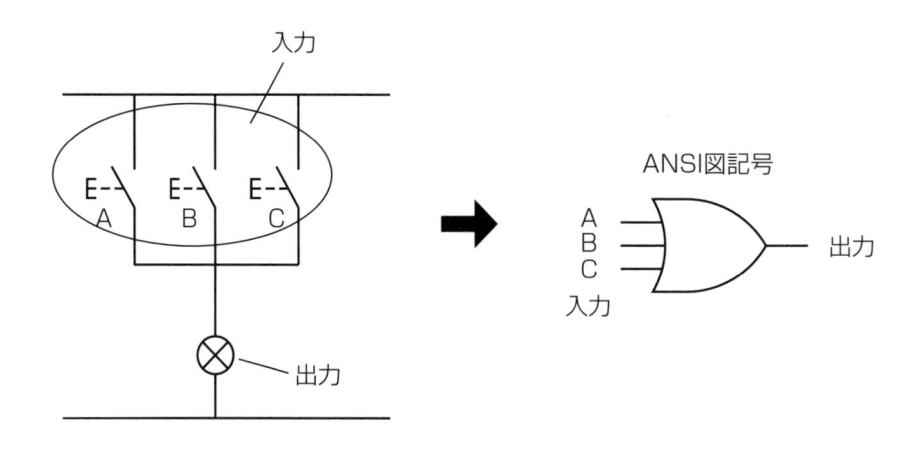

●図5.8　入力が3つあるOR回路

また、図5.9のような直並列回路も、複数の論理図記号を組み合わせて描き表すことができます。

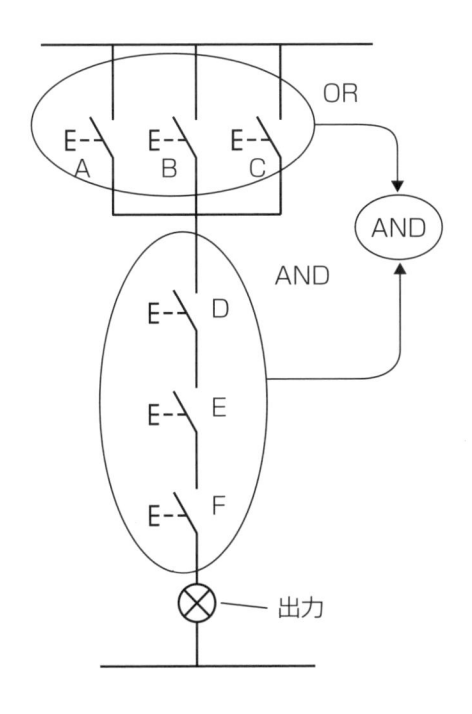

●図5.9　スイッチが6つある直並列回路

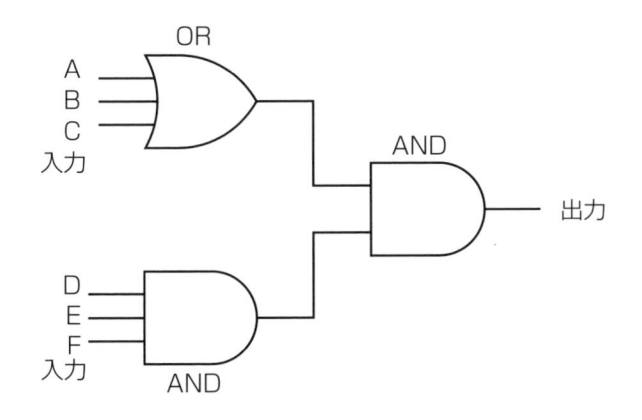

●図5.10　ANSI図記号で描いた直並列回路

●NAND回路からAND、OR、NOT回路を作る

　論理回路は、論理素子を組み合わせることで、別の論理回路を作り出すことができます。

　まず初めに、NOT回路にNOT回路を組み合わせると、二重否定ですから結果は肯定になります。

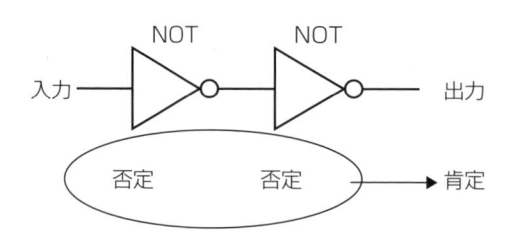

●図5.11　NOT回路とNOT回路の組み合わせ

　NAND回路はAND回路にNOT回路を組み合わせたものですから、NAND回路にNOT回路を組み合わせればNAND回路の否定部分が消えてAND回路を作ることができます。

NAND回路はAND回路とNOT回路を組み合わせたものなので、NAND回路の出力をNOT回路で否定すればAND回路になる。

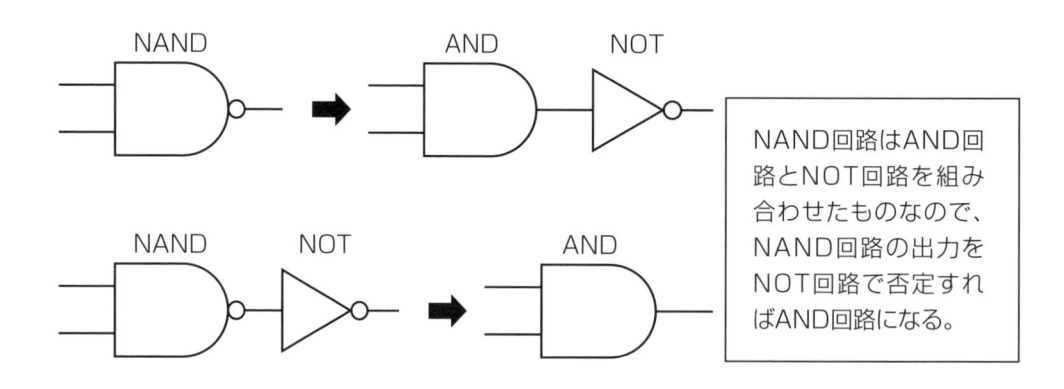

●図5.12　NAND回路を否定するとAND回路になる

そこで、NAND回路からNOT回路を作ります。NOT回路はNAND回路の入力を1つにまとめれば作ることができます。

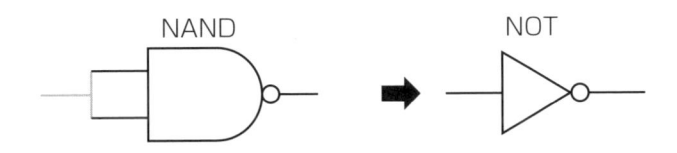

●図5.13　NAND回路からNOT回路を作る

このNAND回路から作ったNOT回路を、NAND回路に組み合わせればAND回路を作ることができます。

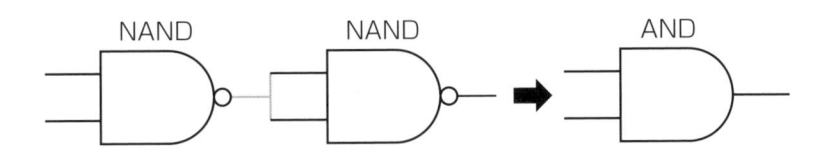

●図5.14　NAND回路2つからAND回路を作る

さらに、下図のようにNAND回路を3つ組み合わせるとOR回路を作ることができます。

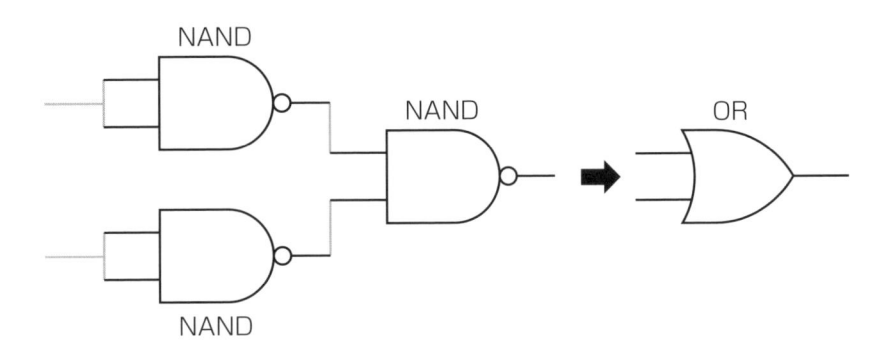

●図5.15　NAND回路3つからOR回路を作る

そして、この回路に、さらにNAND回路で作ったNOT回路を組み合わせればNOR回路になります。

第5章●接点と論理回路　147

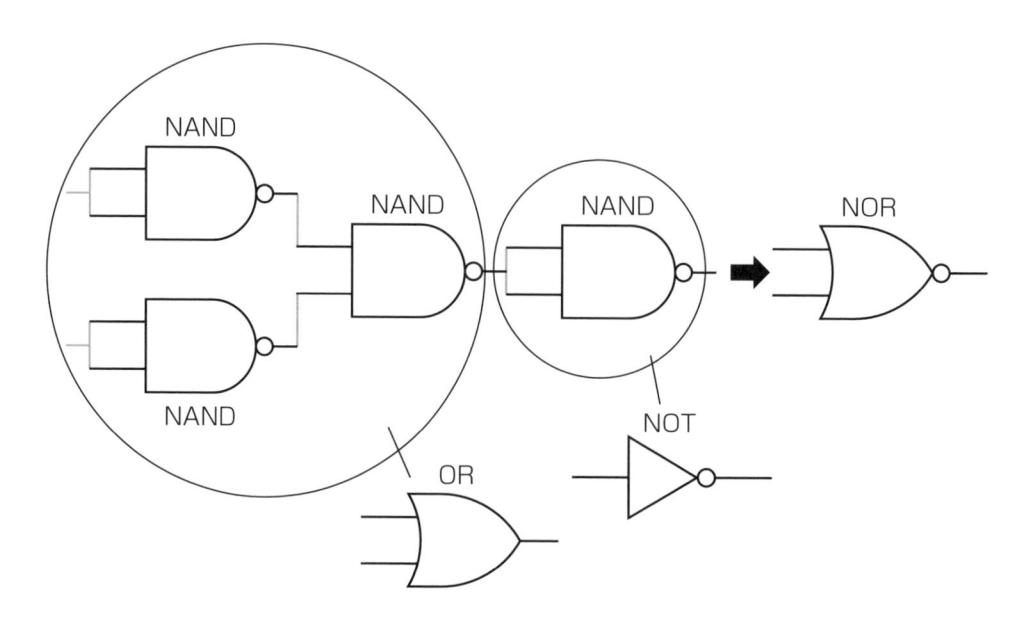

●図5.16　NAND回路4つからNOR回路を作る

　このように、NAND回路を複数組み合わせて、AND、OR、NOT、NOR回路すべてを作ることができます。すなわち、NAND回路さえあれば、どんな回路も作ることが可能といえます。また、同様にして、NOR回路を使って、AND、OR、NOT、NAND回路すべてを作ることもできます。

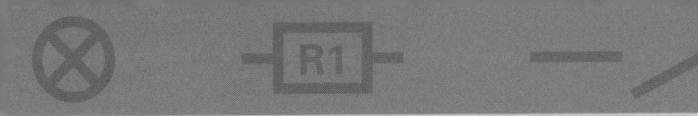

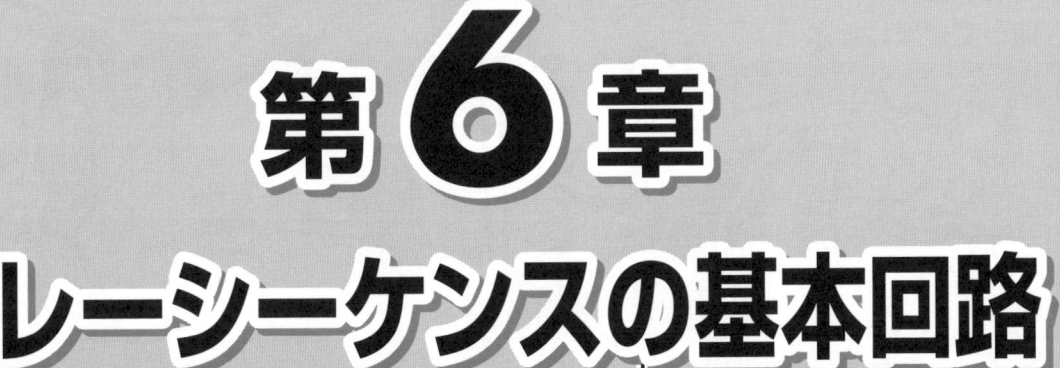

第6章
リレーシーケンスの基本回路

いわれた物
買ってきましたよー!

フムフム　必要なものは
ちゃんとありそうですね

今日はこれを
使うんですか?

はい、実際に
組み立ててもらいます

おー!　いよいよ実践
というわけですな!

まあ…　シーケンス制御は
自分で回路を考えながら
作っていった方が
理解が早いですから

いちから
シーケンス図を描くという
わけですか！

はい！

まずは
手を動かす前に
回路設計について
考えてみましょう

簡単な例として
早押しボタン
で考えてみましょう

早押し…

クイズ番組で
解答者が押す
アレのことですか？

そうです

Aさん

まずは解答者Aさんが
1人だけの場合で
押しボタンスイッチを押したら
表示灯が点灯する回路を
考えてみましょう
これは描けますね？

第6章●リレーシーケンスの基本回路　151

えーと…
押しボタンスイッチ
だから…
こんな感じですか？
そうですね
E
でも、この回路では
押しボタンスイッチを
押しているときだけ
表示灯が点き
手を離すと消えてしまいます
そうですね
早押しボタンなら
手を離しても
表示灯が消えないように
しなくちゃですね
そこで！
自己保持回路
というものを作りましょう
ちょっと回路を描きかえます
スラスラー
自己保持回路
リレーのメーク接点
押しボタンスイッチ
E
BS
R-m1
R-m2
リレーのコイル
R
表示灯
L
なんかいろいろ
増えましたね…

① この回路では Aさんが 押しボタンスイッチを 押すと

② 電磁リレーが 励磁して

③ 電磁リレーのメーク接点 R-m1とR-m2が閉じ 同時に表示灯Lが 点灯します

励磁って なんでしたっけ？

電磁リレーのコイルに 電流が流れて 電磁石となり 電磁力が発生 することです

なるほど

で、その状態で Aさんがボタンから 手を離すと どうなるんでしょう？

第6章●リレーシーケンスの基本回路

スイッチの接点は開きますが
すでに閉じた電磁リレーの
メーク接点R-m1を通って
電流が電磁リレーのコイルに
流れたままになり
自己保持状態を作れます

自己保持状態

E--
BS   R-m1   R-m2

R   L

あー
電磁リレーは
自分の接点を流れる電流で
自らの動作状態をキープするから
表示灯が点いたままにできるのですね！

コクリ.

このような
回路を

『自己保持回路』といい

シーケンス制御において
非常に重要な回路の
1つです

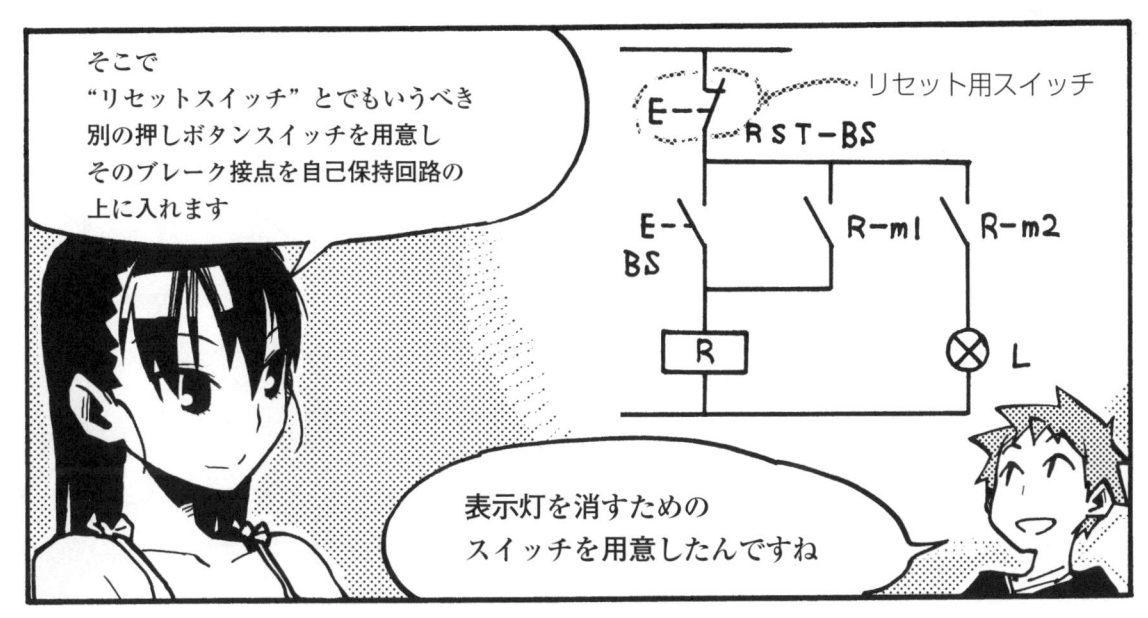

へー

あれ、でもこれだと表示灯はずっと点いたままになっちゃいますよね？

ハイ！

● 表示灯を消す回路

表示灯を消すには電磁リレーの自己保持状態を解除する必要がありますね

うーん

そこで"リセットスイッチ"とでもいうべき別の押しボタンスイッチを用意しそのブレーク接点を自己保持回路の上に入れます

リセット用スイッチ
RST-BS
E-BS　R-m1　R-m2
R　L

表示灯を消すためのスイッチを用意したんですね

第6章●リレーシーケンスの基本回路

表示灯消灯用の
ボタンを押せば

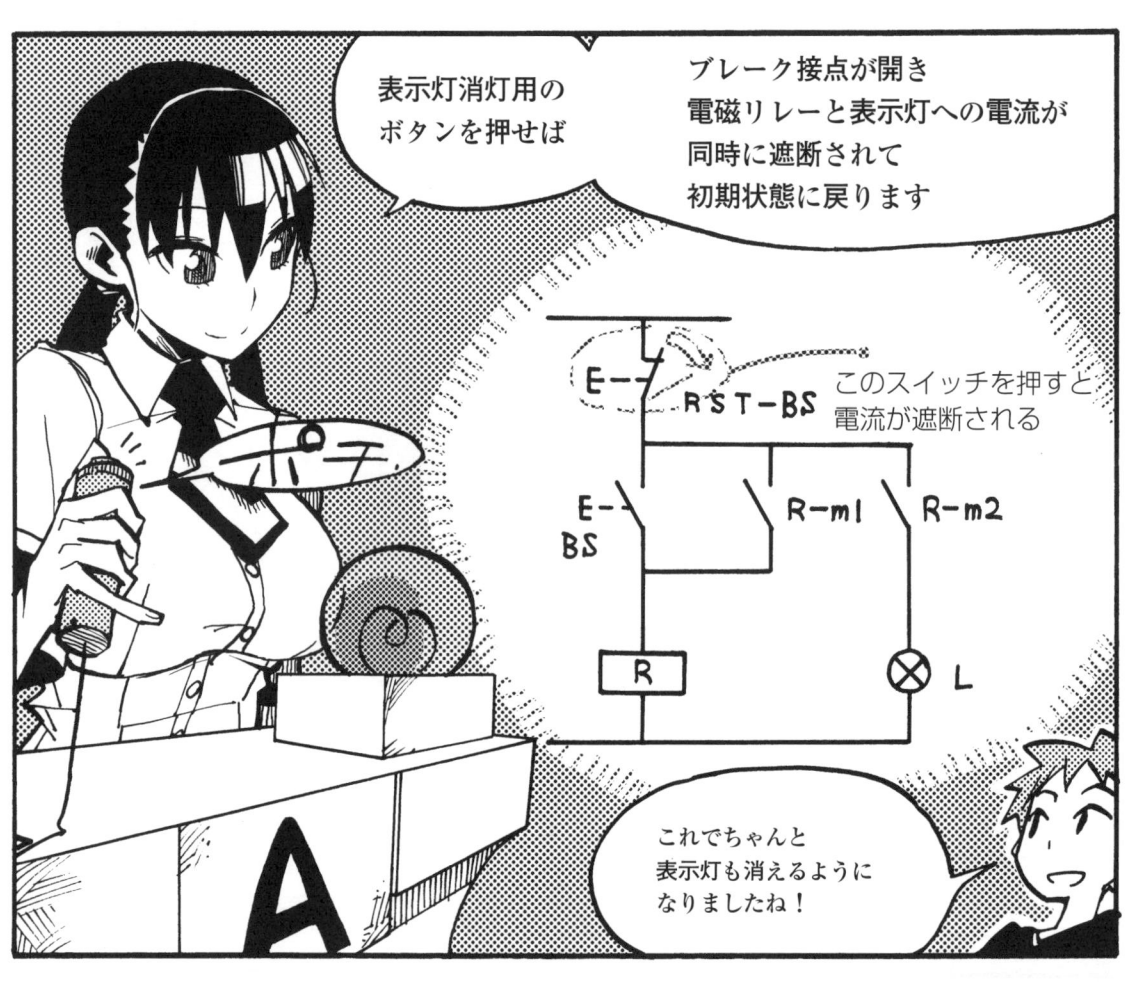

ブレーク接点が開き
電磁リレーと表示灯への電流が
同時に遮断されて
初期状態に戻ります

このスイッチを押すと
電流が遮断される

これでちゃんと
表示灯も消えるように
なりましたね！

● 回答者が2人の場合

それでは、
この回路を元に
解答者が2人の場合を
考えてみましょう

早押しボタン
なんですもんね！

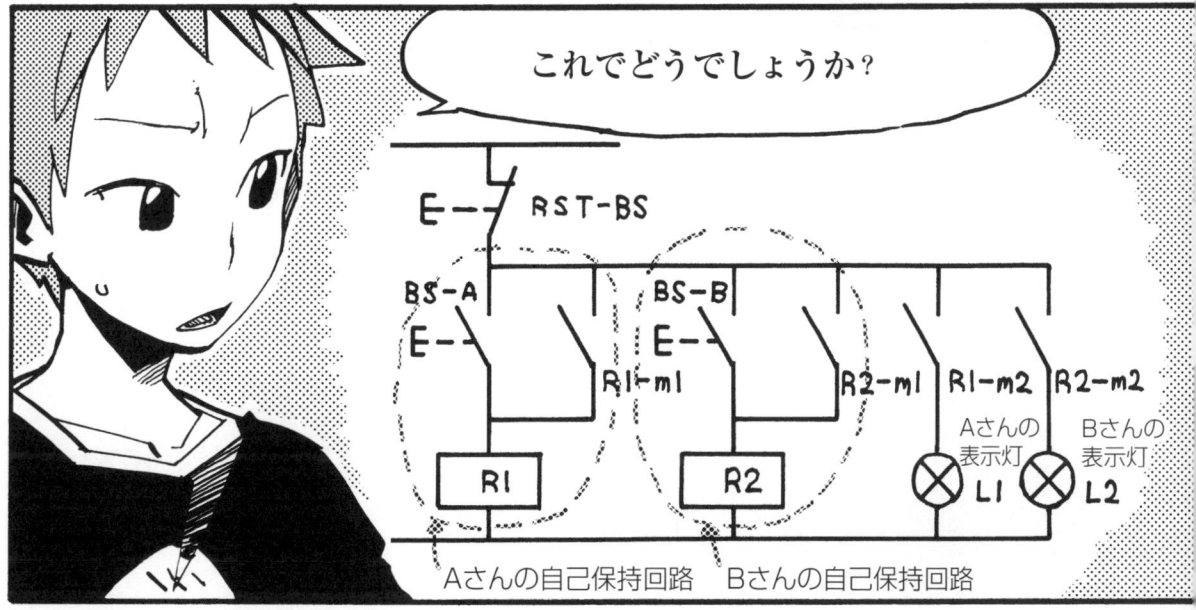

さっきの回路に Bさん用の押しボタンスイッチと表示灯を用意しましょう

まずは単純に1人分足してみてください

はい！

Aさんと同じように並列に描けばいいわけだから

これでどうでしょうか？

Aさんの自己保持回路　Bさんの自己保持回路

Aさんの表示灯　Bさんの表示灯

第6章●リレーシーケンスの基本回路　157

そうですね
この場合…

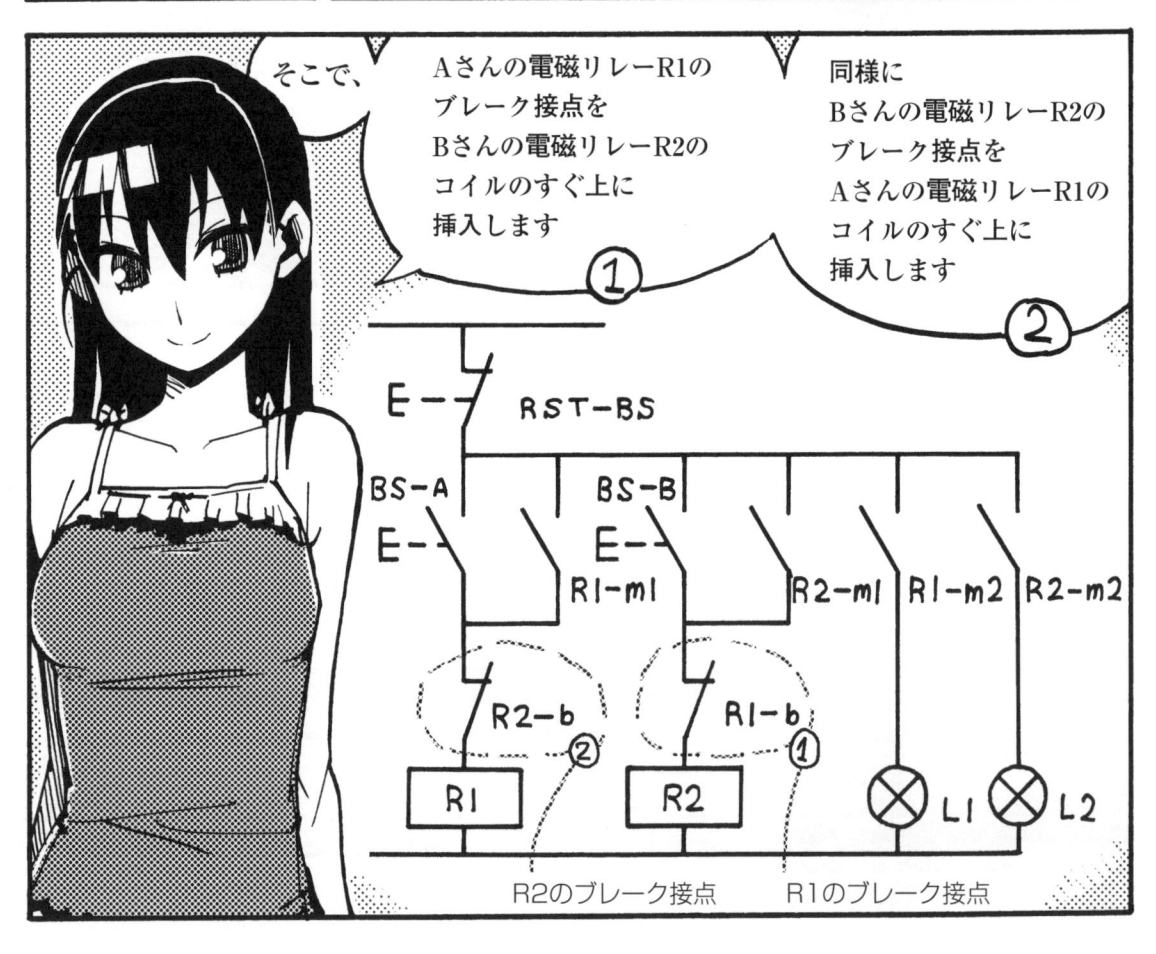

どちらか1人だけが
押しボタンスイッチを
押したときはわかりますが

2人がほぼ同時に押したとき
それぞれの表示灯が点いてしまい
どっちが先に押したか
わかりません

あれ？

確かに…

そこで、

Aさんの電磁リレーR1の
ブレーク接点を
Bさんの電磁リレーR2の
コイルのすぐ上に
挿入します ①

同様に
Bさんの電磁リレーR2の
ブレーク接点を
Aさんの電磁リレーR1の
コイルのすぐ上に
挿入します ②

RST-BS
BS-A BS-B R1-m1 R2-m1 R1-m2 R2-m2
R2-b ② R1-b ①
R1 R2 L1 L2

R2のブレーク接点　　R1のブレーク接点

この回路では 少しでも先に押した方の電磁リレーが先に作動し自己保持するのと同時に

相手の電磁リレーの上に挿入したブレーク接点が開くことで相手の電磁リレーの動作を阻止することができます

うん！

これならほぼ同時に押したときでもきちんと判別できますね！

このように他の動作を禁止するような回路を『インタロック回路』といい

そのために挿入したブレーク接点を『インタロック接点』といいます

● **回答者が3人の場合**

最後に解答者が3人の場合を考えてみましょう

…うーん Cさんですね

さっきの回路にもう1人分追加すればいいんですか?

そこまで単純ではありません

まずAさん1人について考えてみましょう

ハーイ！

Aさんが最初にボタンを押した場合

Aさんの電磁リレーのブレーク接点をBさん、Cさんそれぞれの電磁リレーR2・R3の上につないでおけば他の2人がいくらあとから押しても…

2人の表示灯は点きません！

フム！

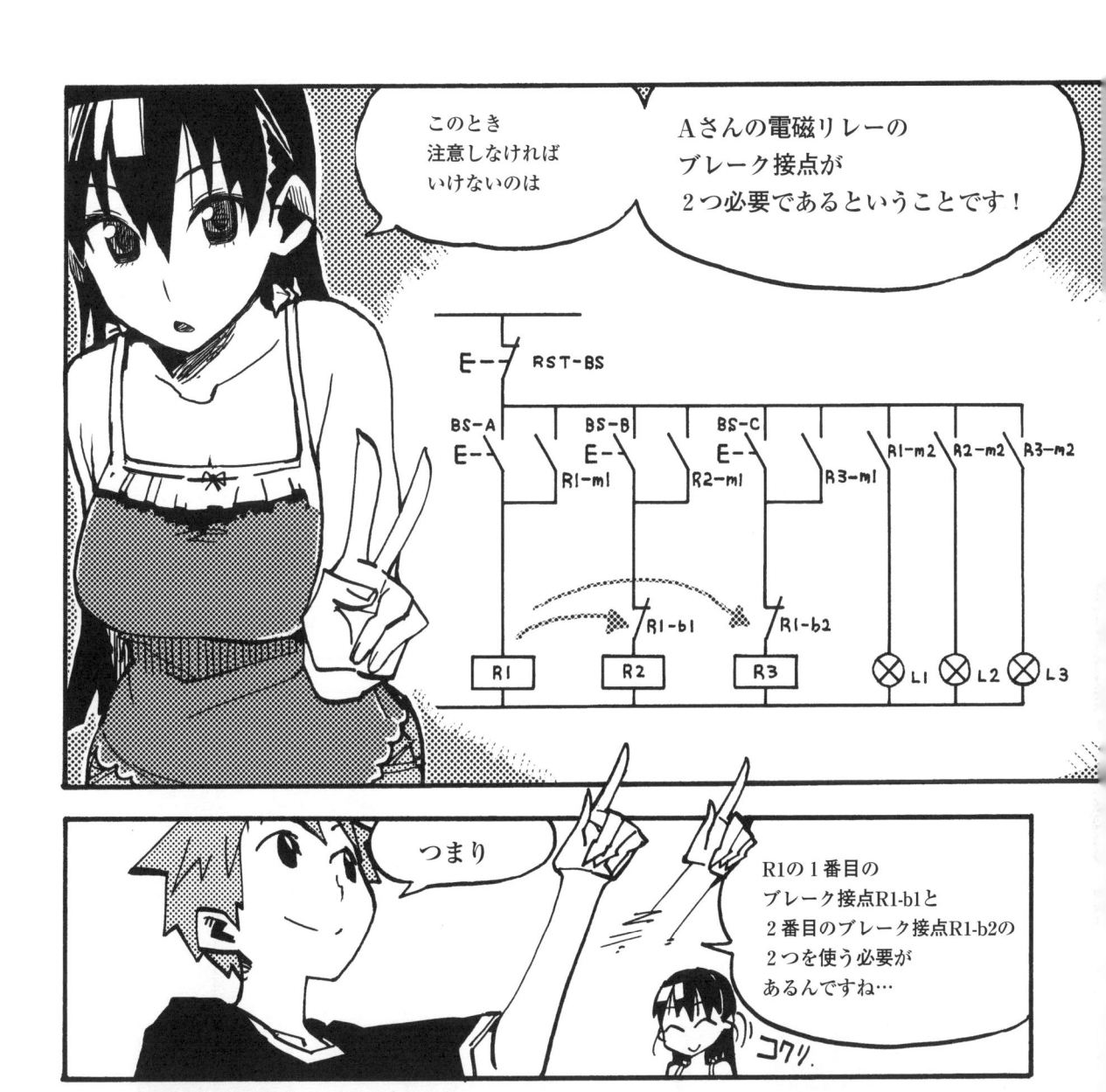

このとき注意しなければいけないのは　Aさんの電磁リレーのブレーク接点が2つ必要であるということです！

つまり　R1の1番目のブレーク接点R1-b1と2番目のブレーク接点R1-b2の2つを使う必要があるんですね…

コクリ

そうした回路ではAさんが先に押すとAさんの表示灯L1だけ点きBさんCさんがあとから押しても表示灯は点きませんね！

はい！

第6章●リレーシーケンスの基本回路

BさんCさんの部分も同じようにしたらいいんですか？

そうですね

Bさんの電磁リレーR2のブレーク接点をR1およびR3の上につなぎ
Cさんの電磁リレーR3のブレーク接点をR1およびR2の上につなぎます

このとき、各電磁リレーの上につなぐ2つのブレーク接点は直列に接続します

これで誰が押しても最初にボタンを押した人の表示灯だけが点く回路ができましたね！

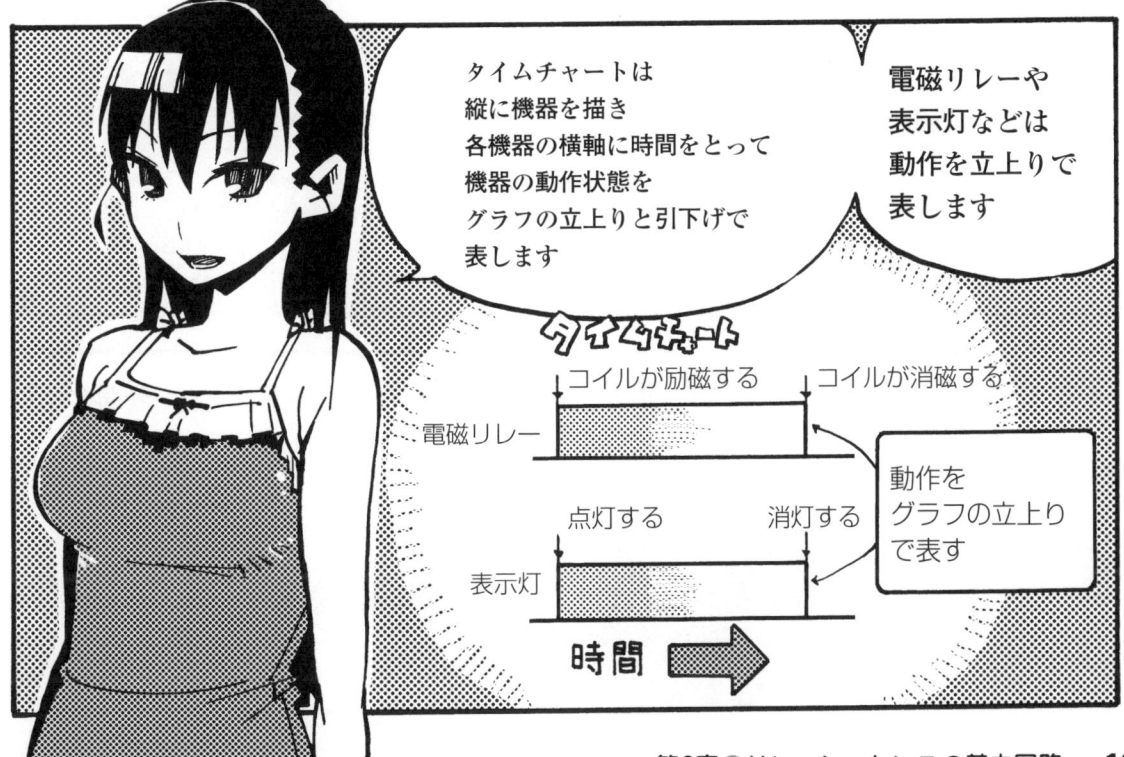

● タイムチャートとは

でも回路が複雑になるとどういうふうに制御していくか考えるのが大変そうですねー

はい

そこで時間の経過とともに各機器の動作をグラフに表した『**タイムチャート**』と呼ばれる図を使います

図を使って考えるのですか…

タイムチャートは縦に機器を描き各機器の横軸に時間をとって機器の動作状態をグラフの立上りと引下げで表します

電磁リレーや表示灯などは動作を立上りで表します

タイムチャート

電磁リレー：コイルが励磁する／コイルが消磁する

表示灯：点灯する／消灯する

動作をグラフの立上りで表す

時間 →

第6章 ● リレーシーケンスの基本回路

えーと…つまり 動作している期間にグラフを描くということですか？

ハイ！

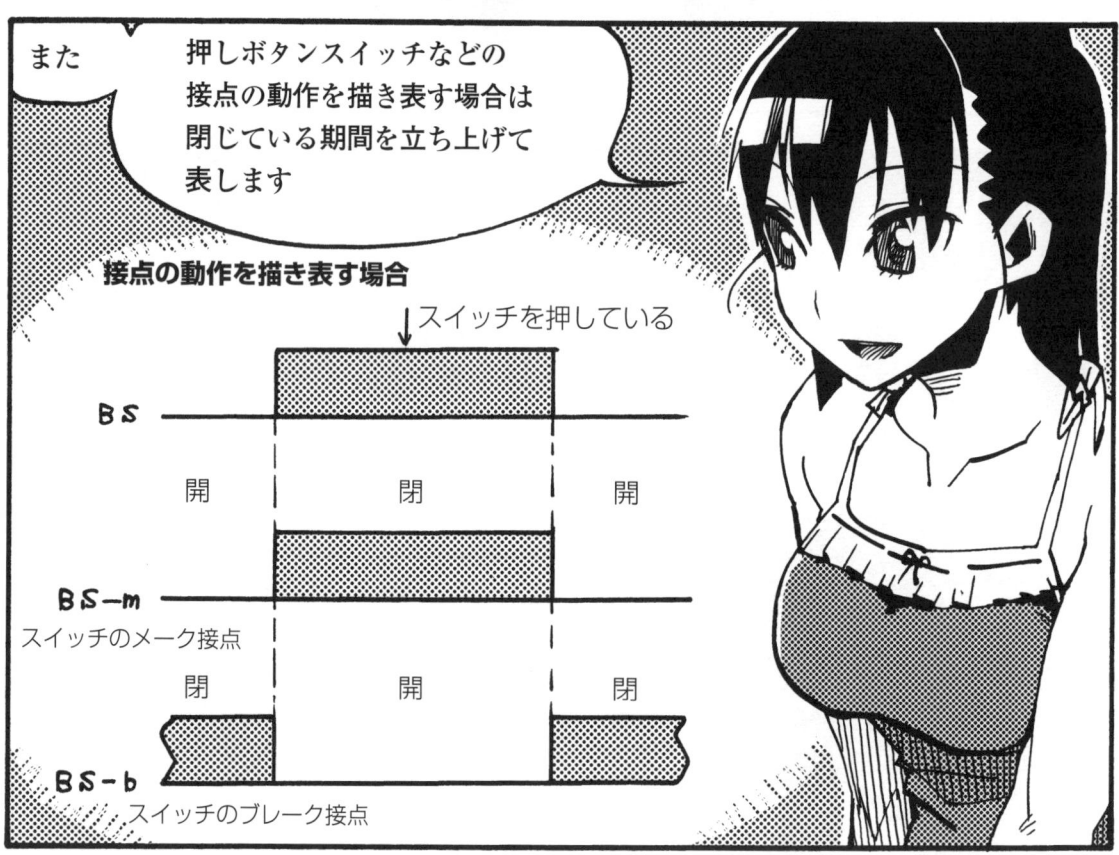

また押しボタンスイッチなどの接点の動作を描き表す場合は閉じている期間を立ち上げて表します

接点の動作を描き表す場合

スイッチを押している

BS

開　閉　開

BS-m
スイッチのメーク接点

閉　開　閉

BS-b
スイッチのブレーク接点

なお 接点は動きはじめてから動作が完了するまで わずかですが時間を要します

わずかな時間

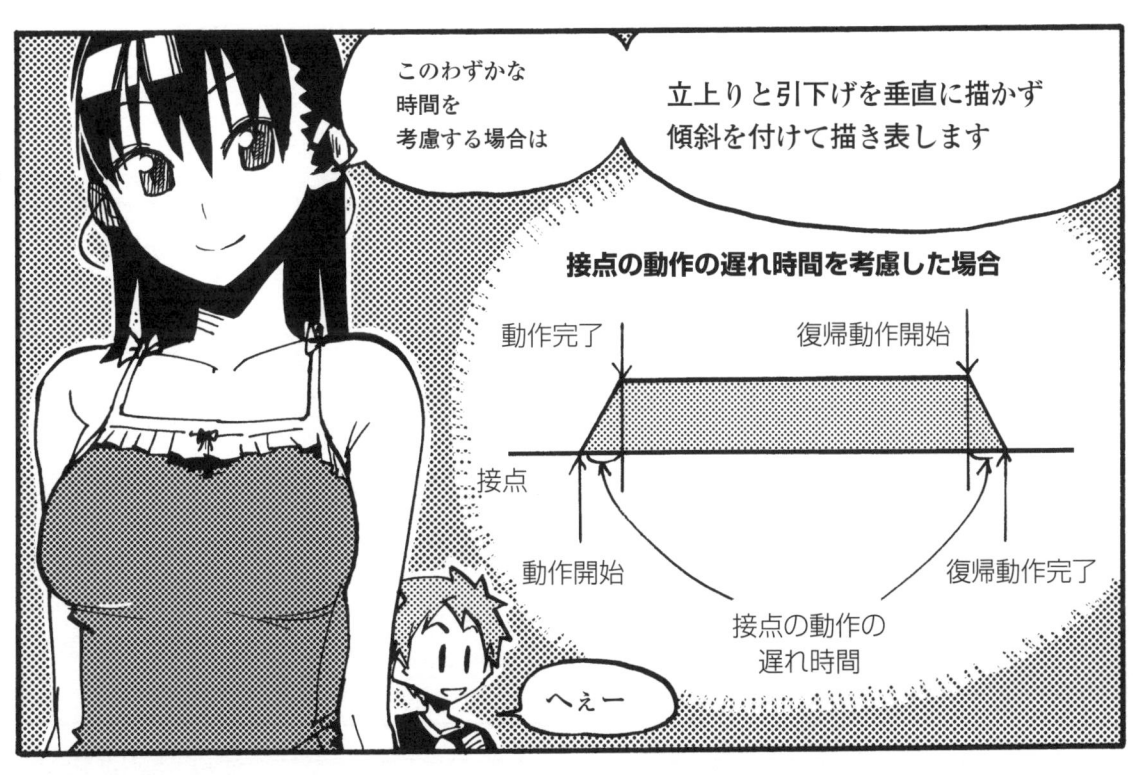

このわずかな時間を考慮する場合は　立上りと引下げを垂直に描かず傾斜を付けて描き表します

接点の動作の遅れ時間を考慮した場合

動作完了　　　　復帰動作開始

接点

動作開始　　　　復帰動作完了

接点の動作の遅れ時間

へぇー

三相ってなんですか？

機械の動力源には比較的構造の簡単な三相誘導モータがよく使われ

電源には三相交流が使われます

第6章●リレーシーケンスの基本回路

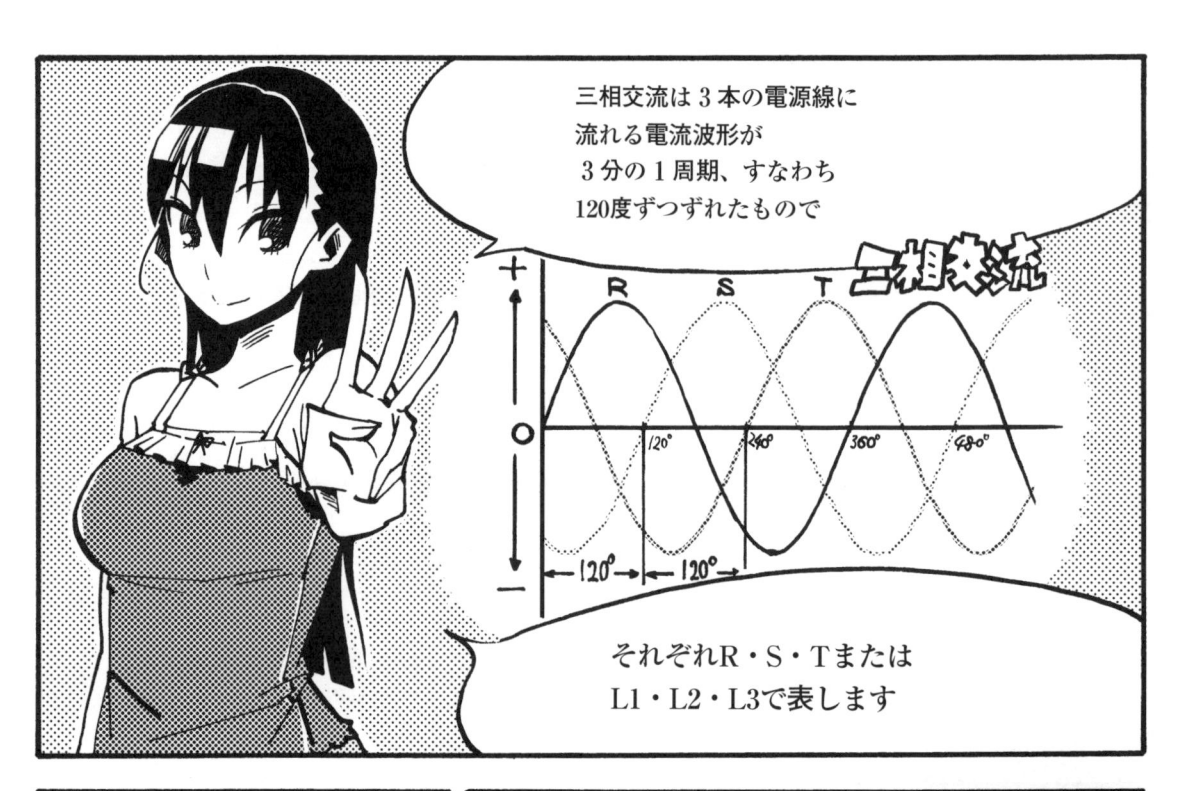

三相交流は3本の電源線に
流れる電流波形が
3分の1周期、すなわち
120度ずつずれたもので

それぞれR・S・Tまたは
L1・L2・L3で表します

うーんちょっと
わかりません…

詳しいことを話していると
長くなってしまうので

ここでは
三相交流というものがあって
それが動力用電源として
よく使われているとだけ
覚えておいてください

わかりましたー

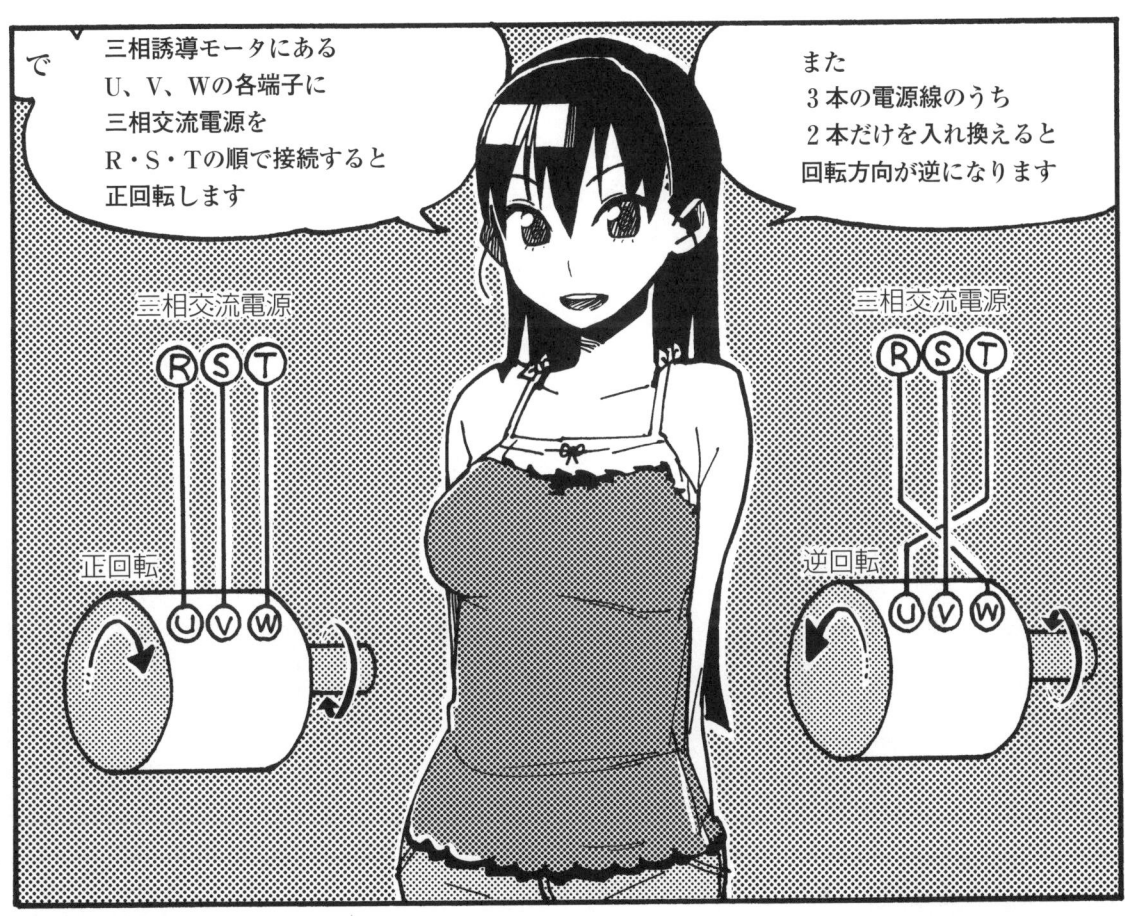

で三相誘導モータにあるU、V、Wの各端子に三相交流電源をR・S・Tの順で接続すると正回転します

また3本の電源線のうち2本だけを入れ換えると回転方向が逆になります

三相交流電源
R S T
正回転
U V W

三相交流電源
R S T
逆回転
U V W

シーケンス制御回路で三相誘導モータを正回転、逆回転の切り換えをするには2つの電磁リレーを用いて行います

そうなんですかー

はい

つなぎ方を変えるとモータの回転も変わるんですね

第6章●リレーシーケンスの基本回路　167

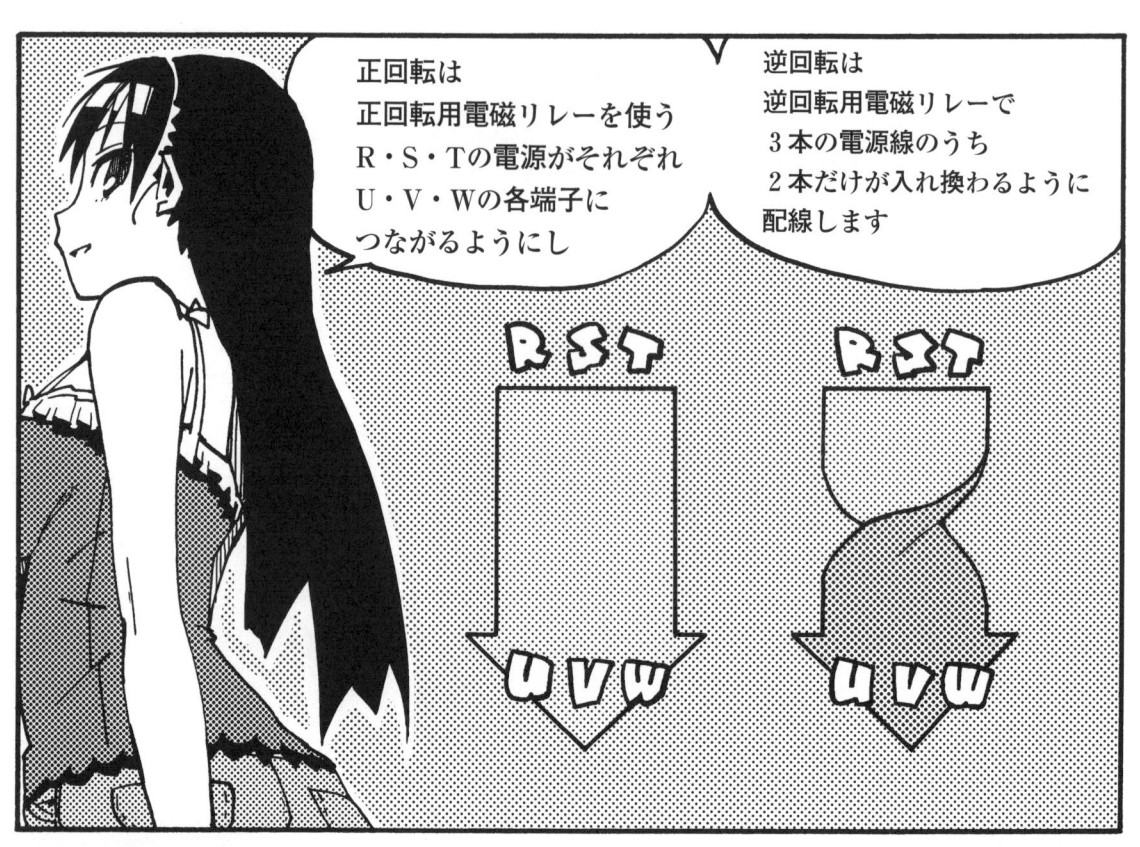

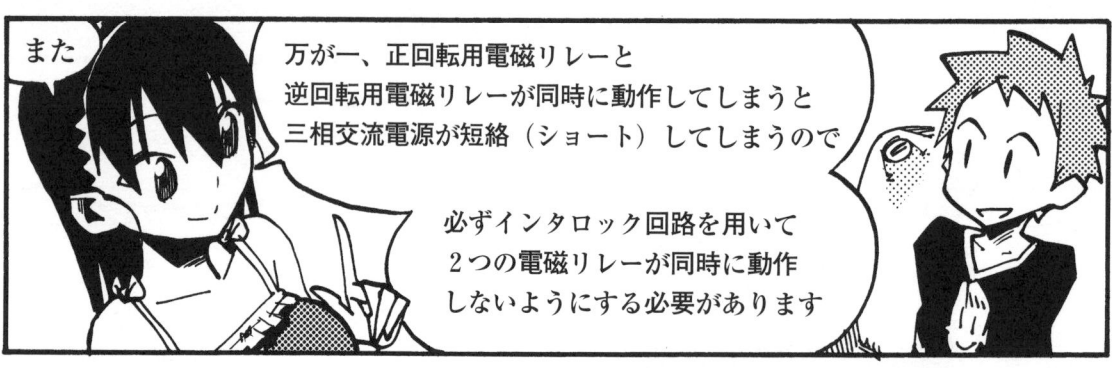

正回転は
正回転用電磁リレーを使う
R・S・Tの電源がそれぞれ
U・V・Wの各端子に
つながるようにし

逆回転は
逆回転用電磁リレーで
3本の電源線のうち
2本だけが入れ換わるように
配線します

また

万が一、正回転用電磁リレーと
逆回転用電磁リレーが同時に動作してしまうと
三相交流電源が短絡（ショート）してしまうので

必ずインタロック回路を用いて
2つの電磁リレーが同時に動作
しないようにする必要があります

インタロック回路って
大切なんですねー

コク…

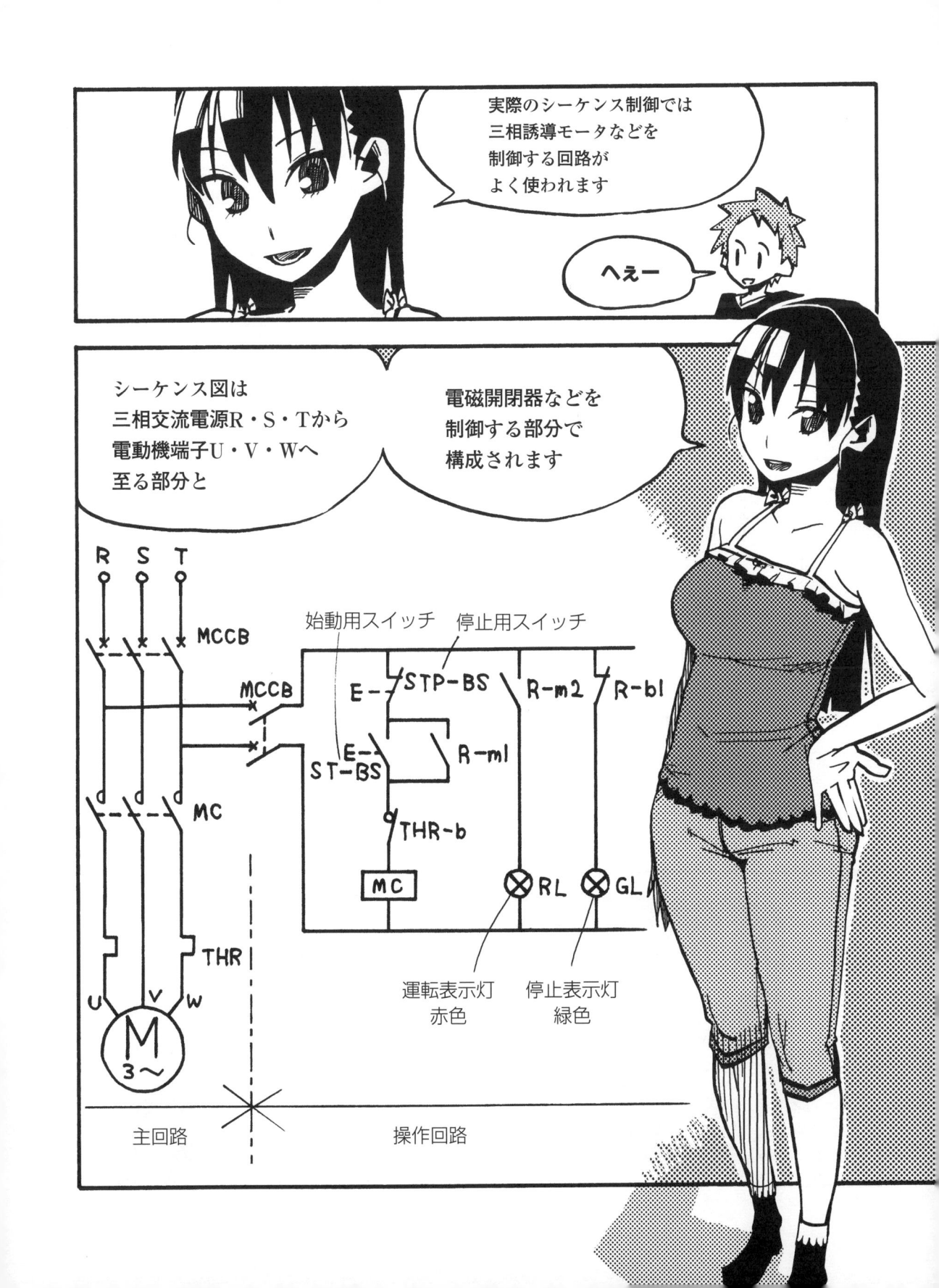

実際のシーケンス制御では三相誘導モータなどを制御する回路がよく使われます

へぇー

シーケンス図は三相交流電源R・S・Tから電動機端子U・V・Wへ至る部分と電磁開閉器などを制御する部分で構成されます

始動用スイッチ　停止用スイッチ

運転表示灯　赤色
停止表示灯　緑色

主回路　　操作回路

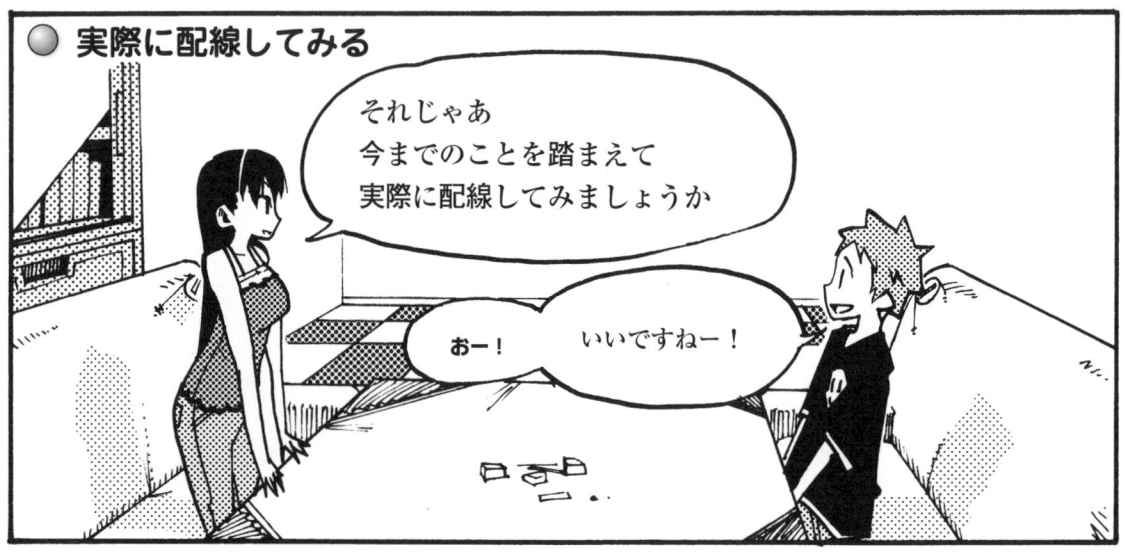

この図で三相交流電源から電動機へ至る配線部分を『主回路』といい

電磁開閉器や表示灯などを制御する部分は『操作回路』あるいは『制御回路』といいます

はい！

実際に配線してみる

それじゃあ今までのことを踏まえて実際に配線してみましょうか

おー！　いいですねー！

シーケンス図は電気回路としては見た目はそんなに難しいものではありません

しかし、実物を機器に配線してみるとシーケンス図と端子などの位置が違うため意外とわかりづらいものです

うーん　気を付けないとですね

今日はこの回路図の通り 電磁リレーを使った自己保持回路で赤い表示灯を点灯させる簡単な回路の配線をしてみましょう

L1 ─────────────────
E-- BS   R-m1   R-m2
          A1
          [R]   ⊗ RL
          A2
L2 ─────────────────

わかりました！

で 今回用意するのはこちらです…

自己保持回路で赤表示灯を点灯させる回路に必要な材料

- 押しボタンスイッチBS ……1つ
- 赤い表示灯RL……………1つ
- 電磁リレーR ……………1つ
- 電源用ブレーカ …………1つ
- 電線………………………適量

なんか料理番組ですね！

「ここに配線したものがあります〜」なんちゃって！

ありません…

はい…

気を取り直して…
今回電源はショートしたとき危険がないようブレーカを使います

電線に端子L2につないで…

電源はL1、L2の端子から取ることにします

えーと

配線の順序に決まりはありませんがコンセントにつなぐためのプラグをつないだあと電源を端子L2につないでいきましょう

これを電磁リレーにつなぐんですよね？
はい

電磁リレーのA2端子につないで…①
さらにA2端子から表示灯へつないでください②

配線その1
押しボタンスイッチ メーク接点
電源端子
L1 L2
①
電磁リレーR
A1 A2
電磁リレーのコイル端子
R-m1
R-m2
②
表示灯

はい、できました

次に
電源端子L1から押しボタンスイッチの右側端子へつなぎ③
そこから電磁リレーのメーク接点R-m1の上側端子につなぎます④

第6章●リレーシーケンスの基本回路

さらにそこから短い線でとなりのメーク接点R-m2の上側端子へつなぎます ⑤

こうかな？

はい！

これでいいですか？

大丈夫そうですね

配線その2

押しボタンスイッチ
メーク接点

表示灯

電源端子
L1
L2

⑤

電磁リレーR

A1 A2

電磁リレーRのコイル端子

R-m1
R-m2

次は押しボタンスイッチの右端子から
電磁リレーのA1端子へつなぎ
そこから電磁リレーのメーク接点
R-m1の下側端子につなぎます

こうですね

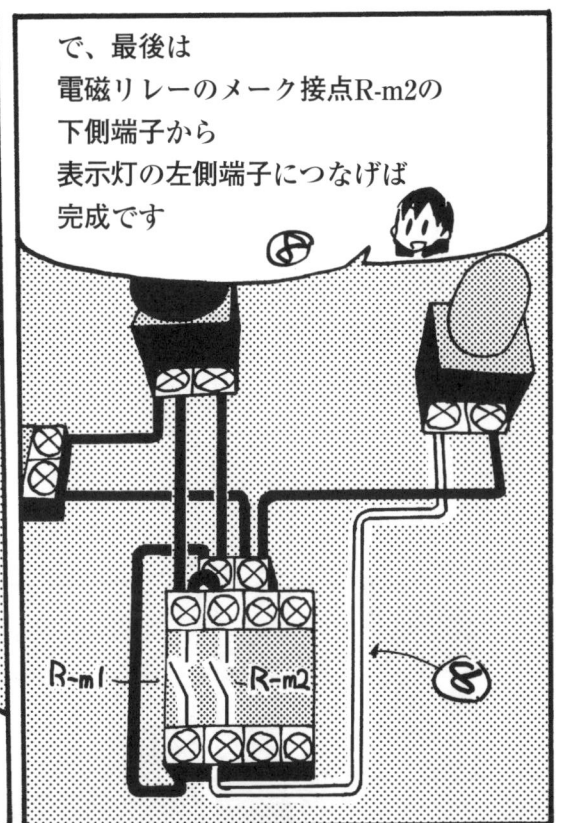

で、最後は
電磁リレーのメーク接点R-m2の
下側端子から
表示灯の左側端子につなげば
完成です

配線その3

押しボタンスイッチ
メーク接点

表示灯

電源端子
L1
L2

電磁リレーR

電磁リレーの
コイル端子

できましたね！

ハイ！

それじゃあ
スイッチを押しやすいように
ケースに入れて
電源をコンセントに
つないでください
ハイ！
ズルッ
ではスイッチを
押してみましょうか！
スイッチオン！
カチッ
点きました！
ですね！
ピカー！

おめでとうございます
ちゃんと配線できたようですね！
ピカー
でも
確かに簡単なシーケンス図でも実際に配線してみると端子の位置とか違うからけっこう戸惑いますねー
それに、電線が端子を渡って行く箇所では配線の引き回しも近い方の端子へ先につなぐなどの工夫をする必要があります
あー
なるほど…
例えば
回路的には電源端子L2から電磁リレーA2、および電磁リレーA2から表示灯右側端子への配線を
電源端子L2から表示灯右側端子、そして表示灯右側端子から電磁リレーA2につなぐこともできますが…
A2
L2
A2
L2

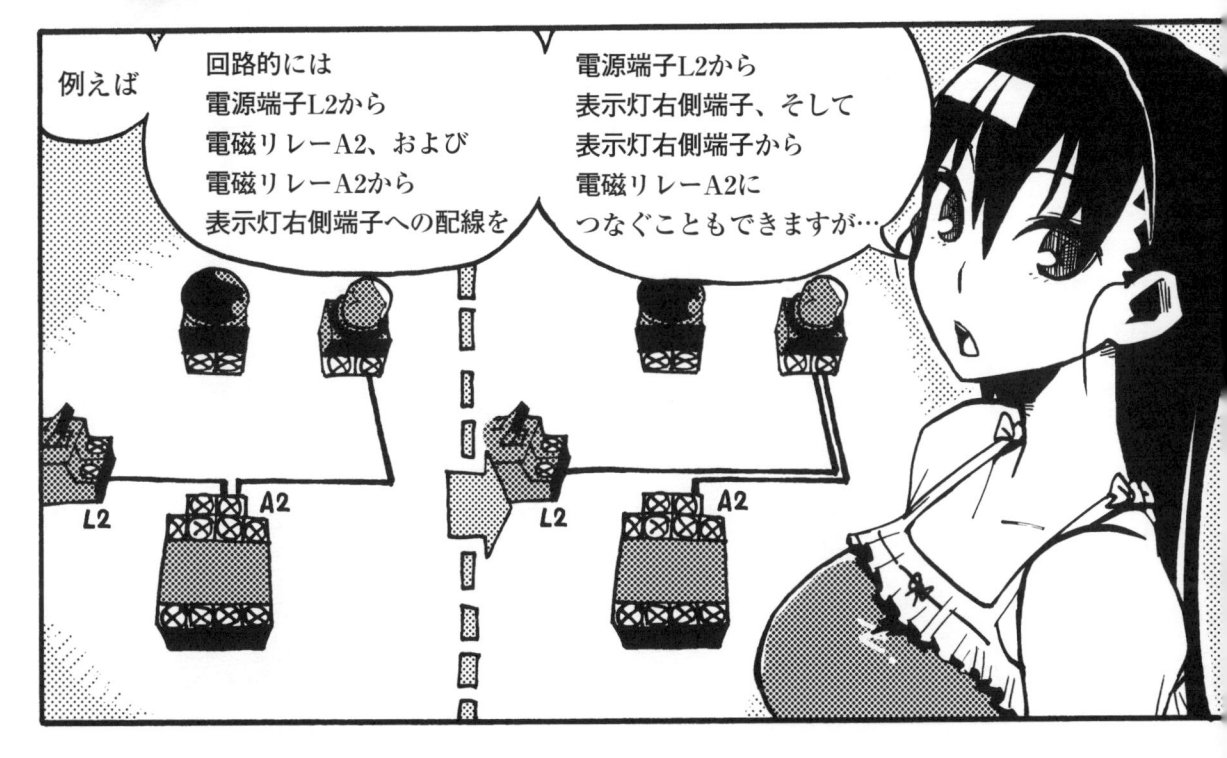

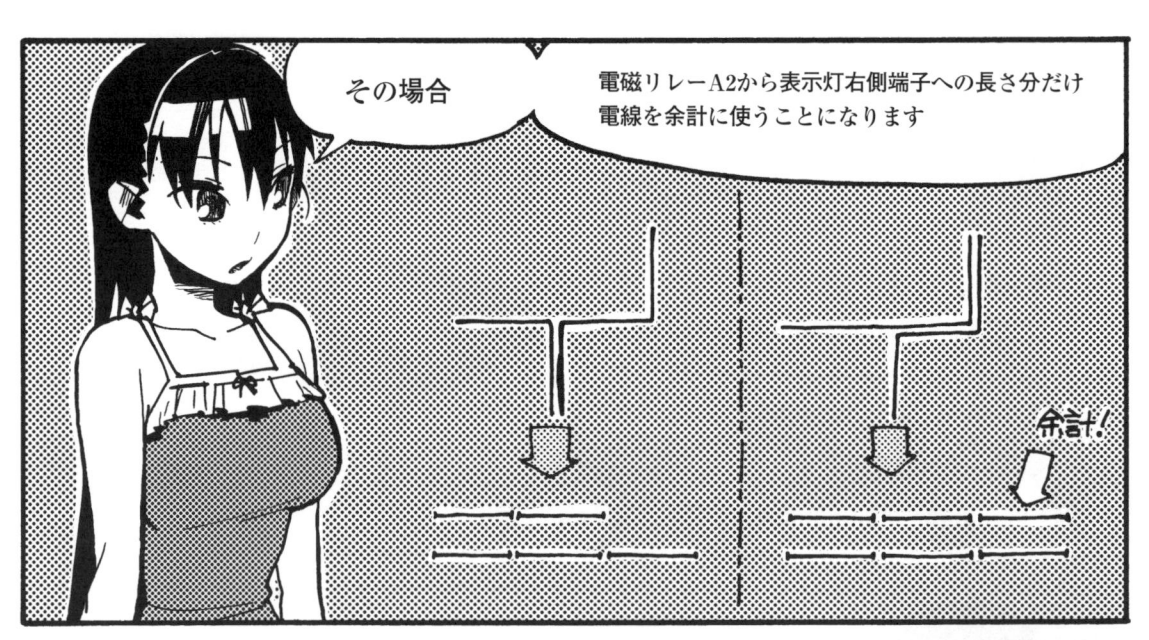

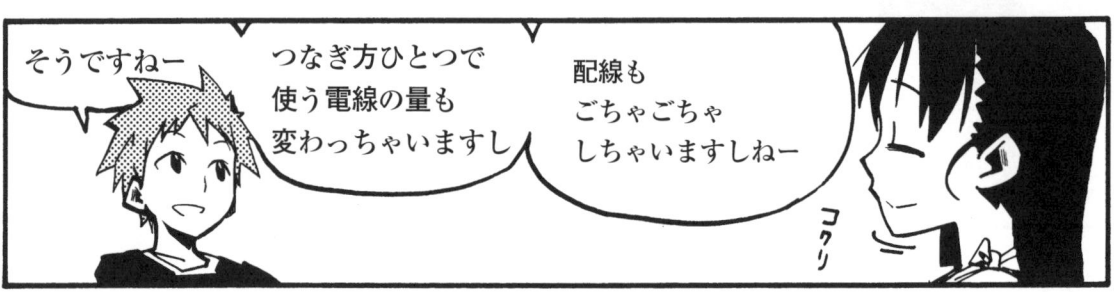

その場合　電磁リレーA2から表示灯右側端子への長さ分だけ電線を余計に使うことになります

余計！

そうですねー　つなぎ方ひとつで使う電線の量も変わっちゃいますし

配線もごちゃごちゃしちゃいますしねー

コクリ

シーケンス図の配線はシーケンス図を見ながら行う単純作業の繰り返しですが

シーケンス図上の器具の配置と実際の配置の違いを考慮しながら作業する必要があるというわけです

わかりました！

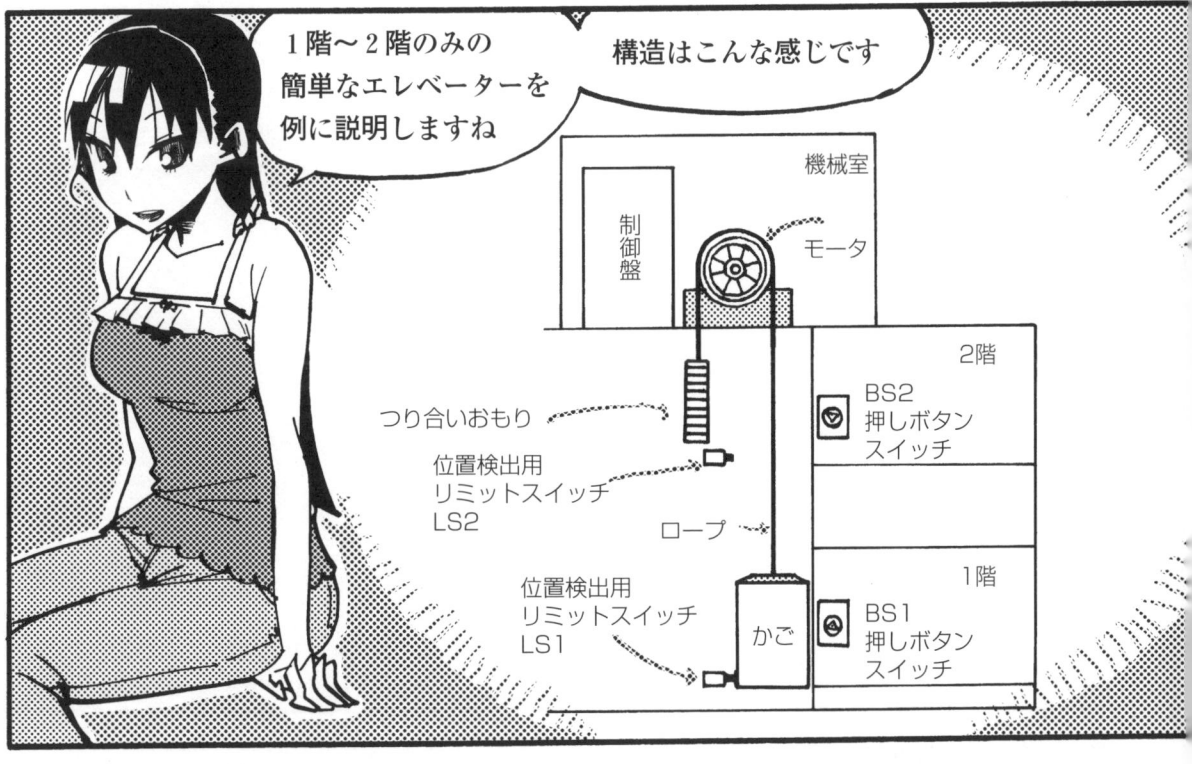

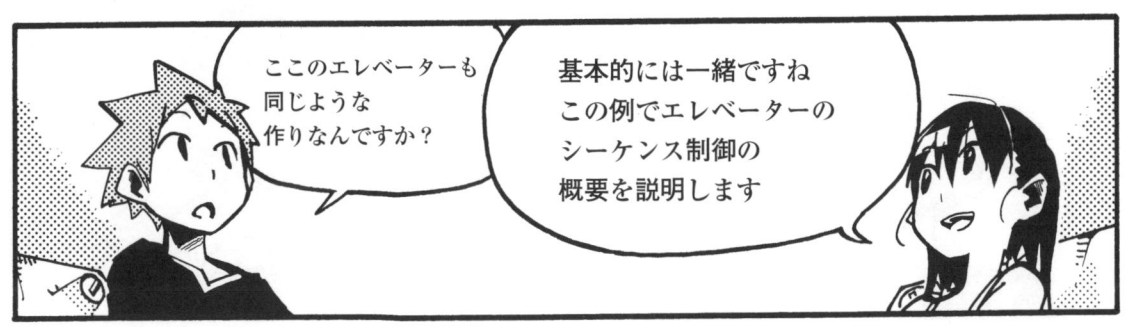

● エレベーターの基本回路

さて最後に一応エレベーターの話をしておきましょうか…

おー！！ついに！！

1階～2階のみの簡単なエレベーターを例に説明しますね

構造はこんな感じです

- 機械室
- 制御盤
- モータ
- つり合いおもり
- 位置検出用リミットスイッチ LS2
- ロープ
- 位置検出用リミットスイッチ LS1
- かご
- 2階 BS2 押しボタンスイッチ
- 1階 BS1 押しボタンスイッチ

ここのエレベーターも同じような作りなんですか？

基本的には一緒ですね　この例でエレベーターのシーケンス制御の概要を説明します

第6章●リレーシーケンスの基本回路　179

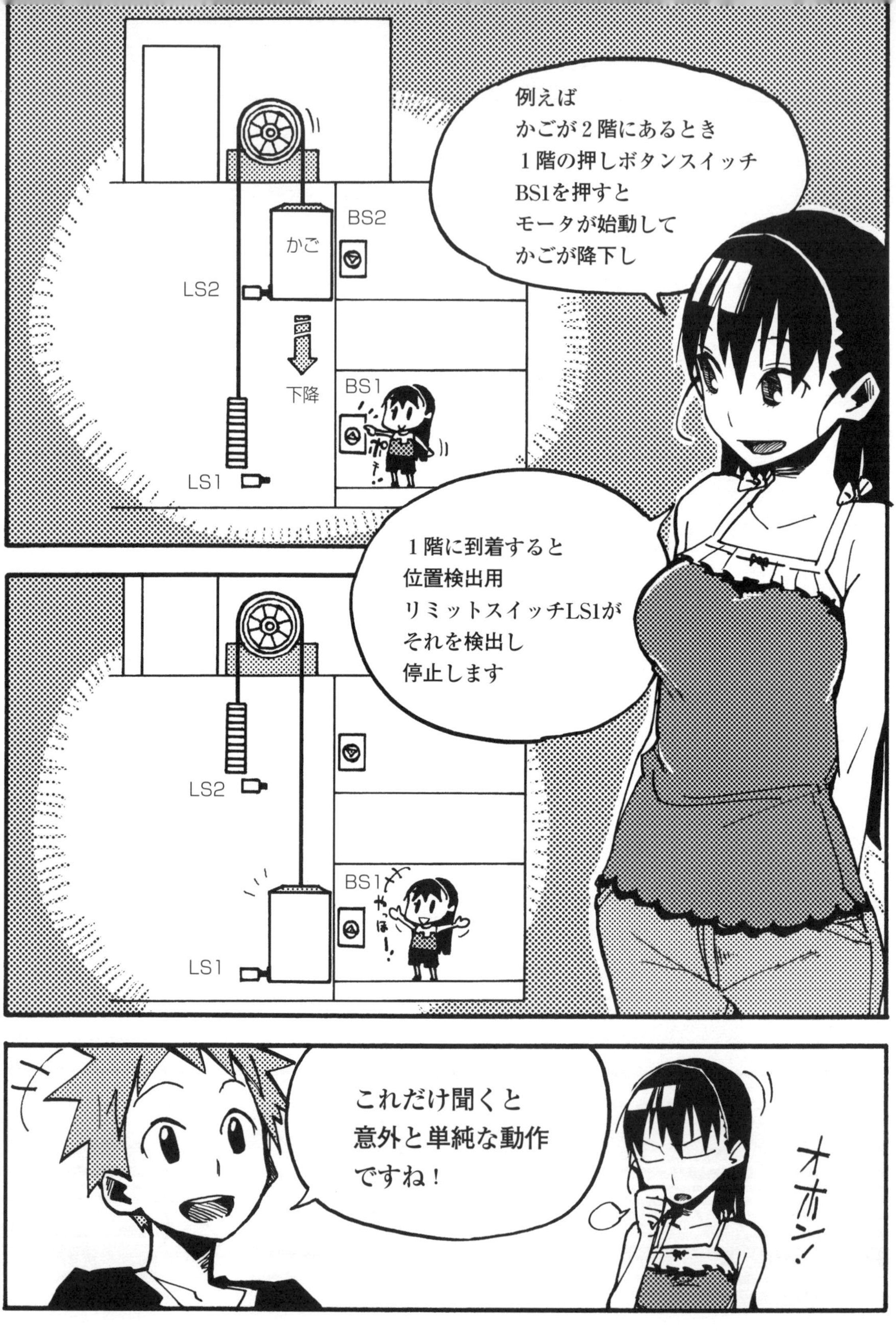
例えば
かごが２階にあるとき
１階の押しボタンスイッチ
BS1を押すと
モータが始動して
かごが降下し
BS2
かご
LS2
下降
BS1
LS1
１階に到着すると
位置検出用
リミットスイッチLS1が
それを検出し
停止します
LS2
BS1
LS1
これだけ聞くと
意外と単純な動作
ですね！
オホン！

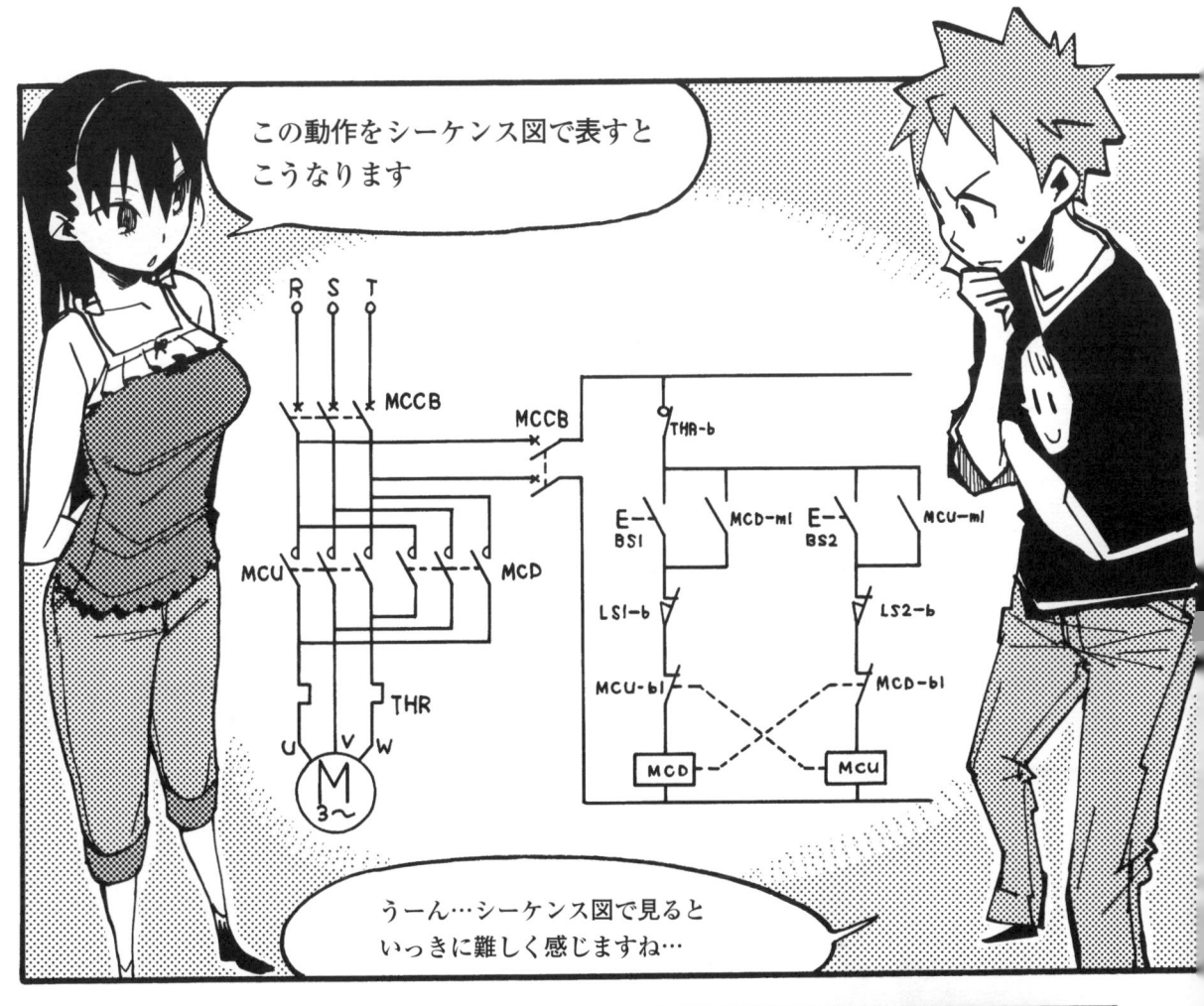

この動作をシーケンス図で表すとこうなります

うーん…シーケンス図で見るといっきに難しく感じますね…

それに実際のエレベーターはこんな単純ではありません

例えばかごと各階の扉がすべて閉まっているときだけモータが動くようにしたり

目的の階に到着する前にモータの速度を落とすなど…

非常に複雑な制御が必要になります

第6章●リレーシーケンスの基本回路

えー
それじゃあまだまだエレベーターを直すことなんて出来ないじゃないですか？

はい…
そもそも素人がエレベーターの制御基盤をいじることなんて出来ません

本当ですか！

はい

そんな…
じゃあ…

でもちゃんと業者を呼んでエレベーターは直してもらいます！

エレベーターを直して…
そしてあなたと一緒に外に行きたい…

い
行きましょう！

うん！

でも素人じゃ直せないとわかっていながらどうして授業を続けてくれたんですか？

シーケンスの話をすればあなたは来てくれたから…

それは

別にそうじゃなくたって大家さんがよければ遊びに来ましたよ！

えぇ！？

いや

ふふふ…

ありがとう

いえいえこちらこそありがとうございます！

楽しかったです大家さんのお話！

第6章●リレーシーケンスの基本回路

184

第6章　フォローアップ

● 基本回路とタイムチャート

　図6.1のように、表示灯に押しボタンスイッチを接続した回路は、スイッチを押したときだけ表示灯が点灯し、手を離すと消えてしまいます。

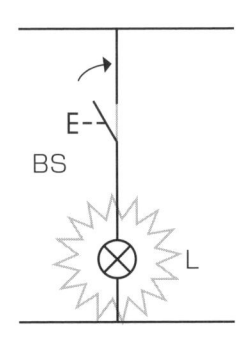

●図6.1　押しボタンスイッチと表示灯

　そこで、図6.2のように電磁リレーを追加し、押しボタンスイッチの接点と並列に電磁リレーのメーク接点を接続します。この回路は、押しボタンスイッチを押すと電磁リレーが作動し、電磁リレーのメーク接点R-m1に電流が流れるため、手を離しても電磁リレーは励磁された状態を維持できます。

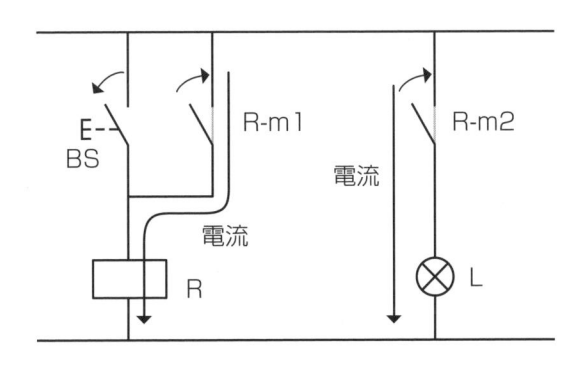

●図6.2　自己保持回路

第6章●リレーシーケンスの基本回路

このように、自らの接点で動作を維持する回路を自己保持回路と呼びます。この回路は、制御が手動から自動へ移行するために重要な働きをするものです。

自己保持状態にある回路を初期状態にするには、電磁リレーの励磁電流を遮断する必要があります。例えば、押しボタンスイッチを1つ追加し、そのブレーク接点で電流を遮断すれば初期状態に戻すことができます。図6.3では、電源の部分にブレーク接点を挿入してありますが、電磁リレーのコイルの上に挿入しても自己保持を解除することが可能です。

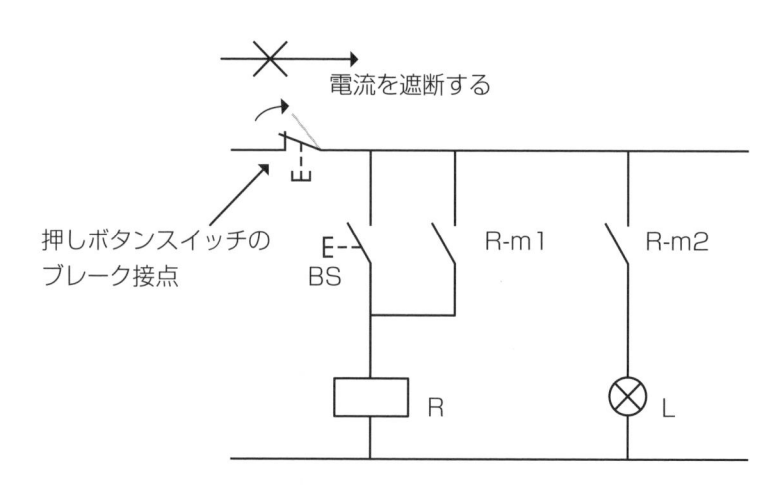

●図6.3 自己保持回路の解除

次に図6.4のような2組の自己保持回路で、各電磁リレーのブレーク接点を他方の電磁リレーのコイルに接続すると、スイッチを先に押した方の自己保持回路だけ作動し、後からスイッチを押した回路は作動しません。このように他方の動作を禁止するような回路をインタロック回路と呼びます。

この回路は複数の関連する装置間で、同時に作動しては不都合が生じる場合などに用いられる回路です。インタロックとは、「内鍵をかける」という意味からこう呼ばれています。

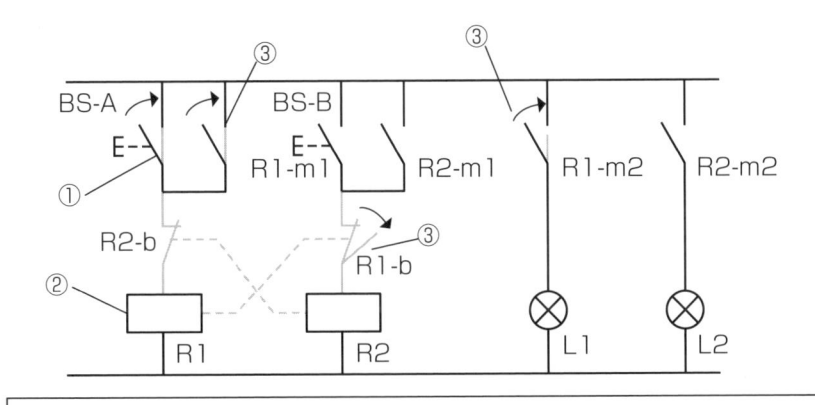

電磁リレーR1とR2が同時に作動しないように、インタロックをかけた回路
動作①　押しボタンスイッチBS-Aを押す。
動作②　電磁リレーR1が励磁する。
動作③　R1-m1が閉じR1が自己保持する。R1-m2が閉じ、表示灯L1が点灯し、R1-bが開く。この状態で押しボタンスイッチBS-Bを押しても電磁リレーR2は作動しない。

●図6.4　インタロック回路

　シーケンス回路の動作は、一般的に時間の経過とともに各機器の動作が進行していきます。その内容をグラフ化したものをタイムチャートと呼び、これを描くことで各機器の動作の関係を目で確認することができます。
　タイムチャートは横軸に時間をとり、機器の動作している区間を立ち上げて表します。例えば、次の図6.5のような「押しボタンスイッチを押して、電磁リレーが自己保持し、表示灯が点灯する」という回路をタイムチャートで表すと図6.6のようになります。

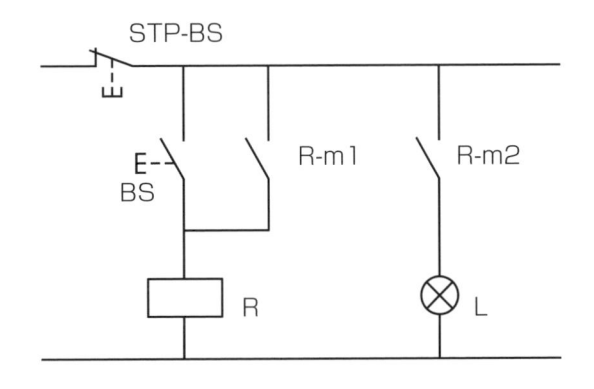

●図6.5　自己保持回路で表示灯が点灯する回路図

第6章●リレーシーケンスの基本回路

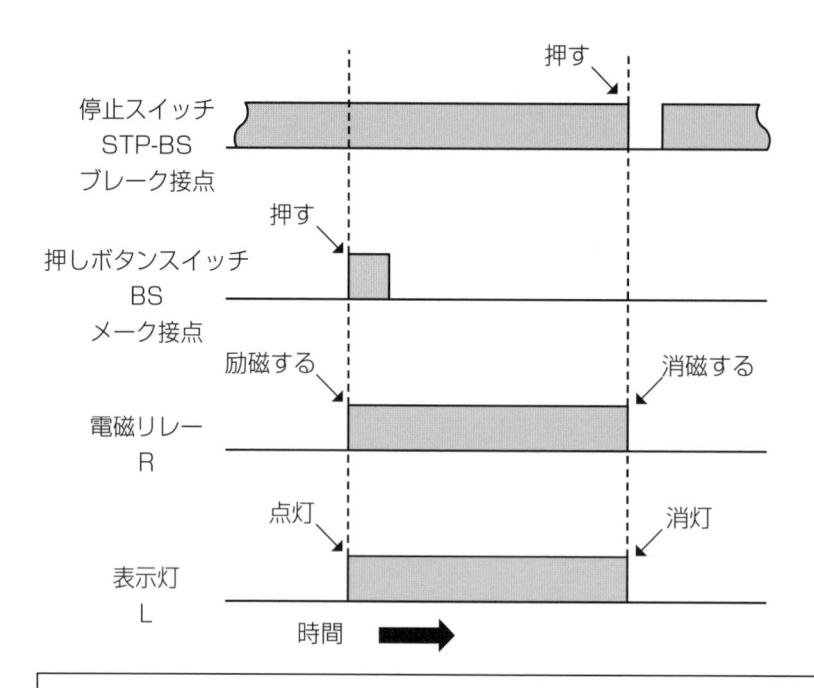

```
停止スイッチ      ┌──────────────押す─┐    ┌──
STP-BS       │                 ↓│    │
ブレーク接点   ─┘                  └────┘

              押す
                ↓
押しボタンスイッチ    ┌┐
BS          ───┘└──────────────────
メーク接点

          励磁する              消磁する
            ↓                   ↓
電磁リレー     ┌──────────────────┐
R        ───┘                  └────

           点灯                 消灯
            ↓                   ↓
表示灯       ┌──────────────────┐
L        ───┘                  └────
              時間 →
```

| 押しボタンスイッチBSを押すと、電磁リレーRが励磁し、表示灯Lが点灯する。停止用スイッチSTP-BSを押すと、電磁リレーRが消磁し、表示灯Lが消灯する。 |

● 図6.6　自己保持回路のタイムチャート

　スイッチの接点や電磁リレーの接点は、動作が完了するまで、ごくわずかですが時間を要します。このわずかな時間を表す必要がある場合には、グラフの立ち上げや引き下げを、垂直に描かず、少し傾斜を付けて描き表します。

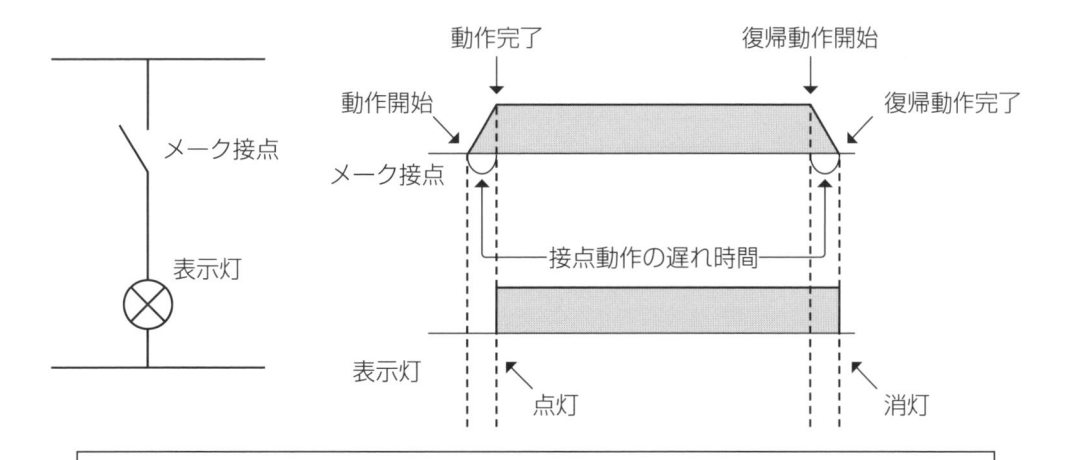

メーク接点の動作のわずかな遅れにより、表示灯の点灯および消灯もわずかに遅れる。

●図6.7　接点の動作の遅れ時間

タイマを使った時限動作回路

　図6.8の回路は、電磁リレーとタイマを使った、時限動作回路です。押しボタンスイッチBSを押すと電磁リレーが自己保持し、同時にタイマも動作を開始し、設定時間後にタイマのメーク接点が閉じて表示灯が点灯します。

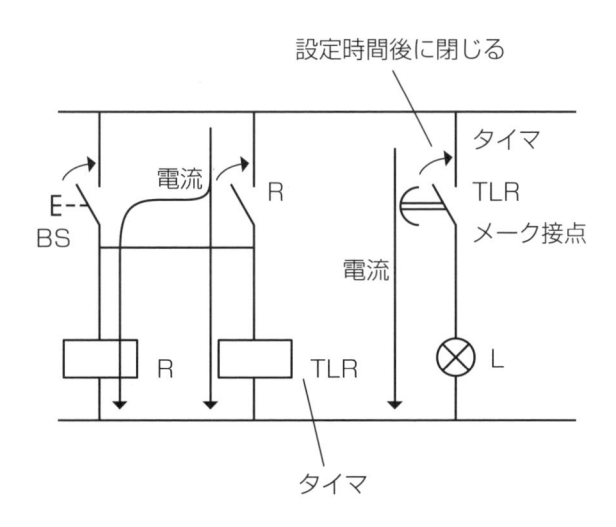

●図6.8　タイマを使った時限動作回路

第6章●リレーシーケンスの基本回路

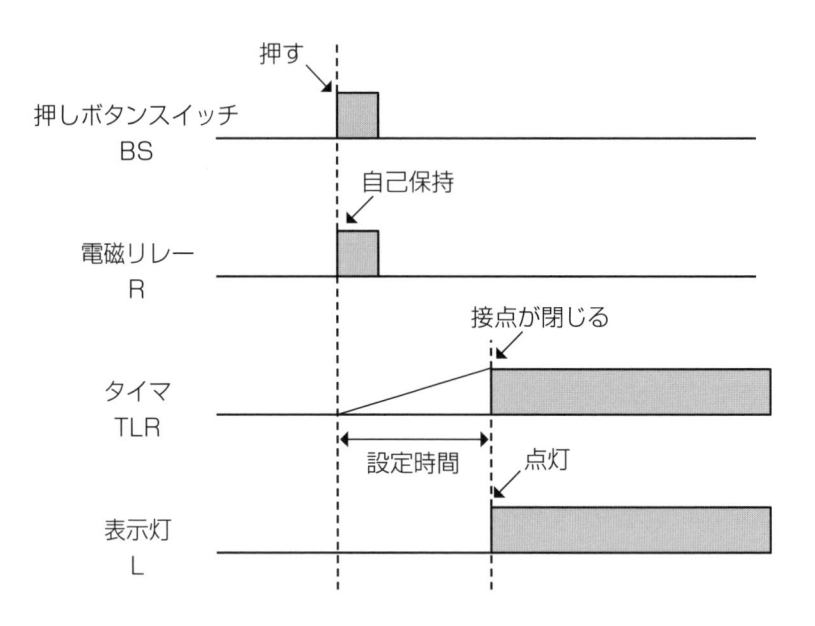

●図6.9　時限動作回路のタイムチャート

順序動作回路

　図6.10の回路には、3組の自己保持回路がありますが、すべて動作させるには必ずA、B、Cの順番で押しボタンスイッチを押さなければなりません。このような回路を順序動作回路といい、複数の機械装置を決められた順序で作動させる必要がある場合に用いられます。

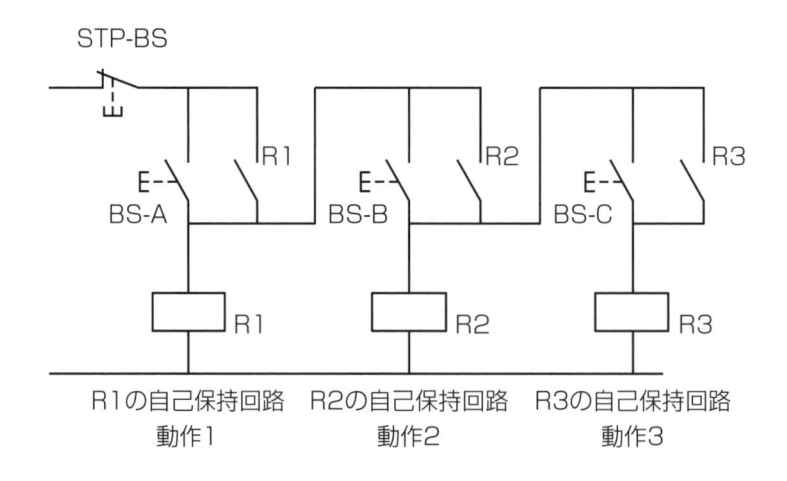

●図6.10　順序動作回路

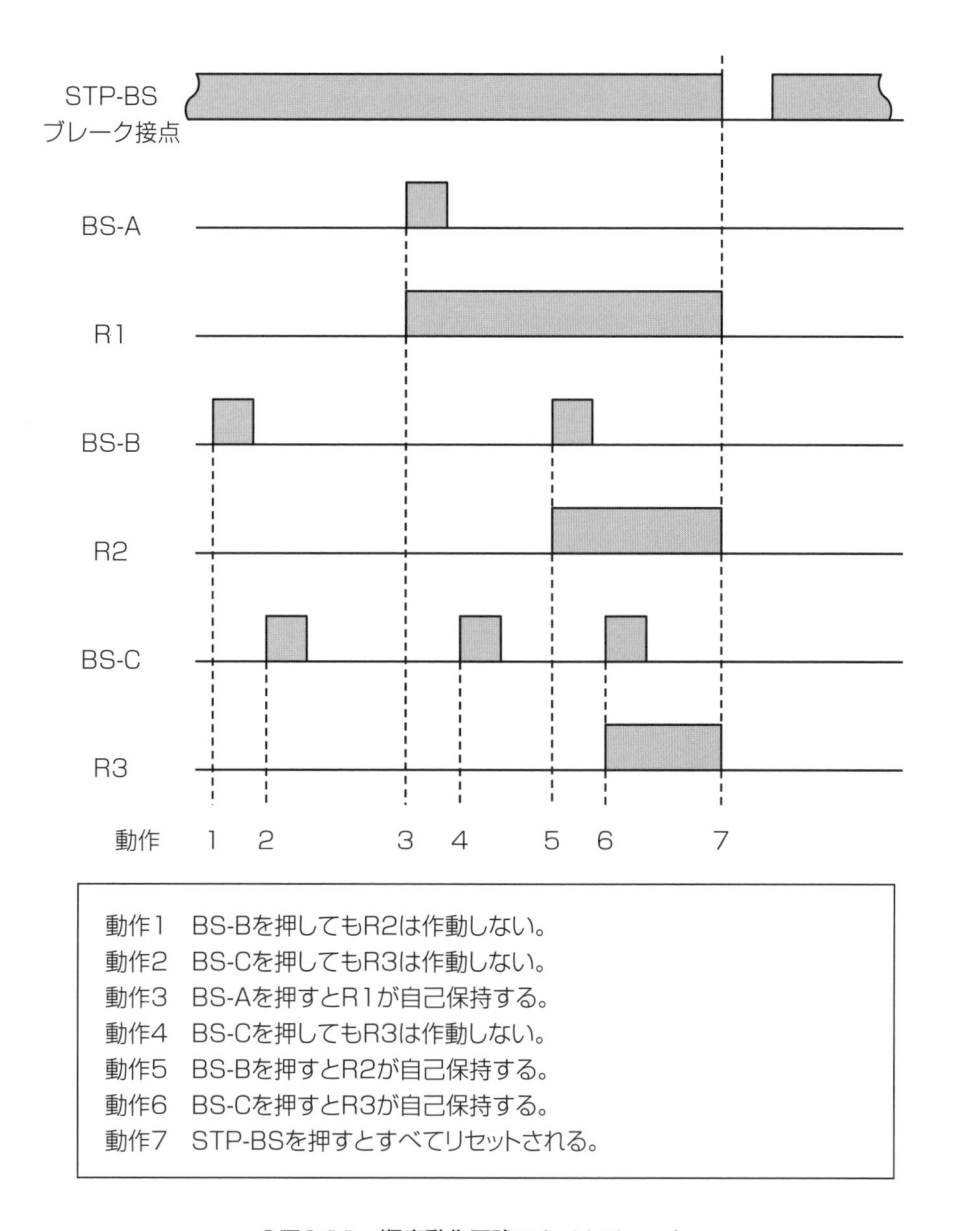

動作1　BS-Bを押してもR2は作動しない。
動作2　BS-Cを押してもR3は作動しない。
動作3　BS-Aを押すとR1が自己保持する。
動作4　BS-Cを押してもR3は作動しない。
動作5　BS-Bを押すとR2が自己保持する。
動作6　BS-Cを押すとR3が自己保持する。
動作7　STP-BSを押すとすべてリセットされる。

●図6.11　順序動作回路のタイムチャート

● モータの運転停止回路

　電磁リレーを用いたシーケンス回路はモータの運転制御でよく使われます。モータ制御回路では、電磁開閉器と呼ばれる制御用機器が使われます。これは、電磁接触器と、過負荷時に回路を切るための接点を内蔵したサーマルリレー（熱動型過電流継電器）が一体になった制御用機器です。サーマルリレーはモータが過負荷になったときに流れる電流により、内蔵されたバイメタルが加熱され、接点を作動する機器です。一旦作動した接点は、装置の不具合を改修した後、手動で復帰させます。

　サーマルリレーのブレーク接点は装置を停止するために利用し、メーク接点は、故障表示灯の点灯などに利用します。

電磁接触器とサーマルリレーを一体にしたものを電磁開閉器と呼ぶ。

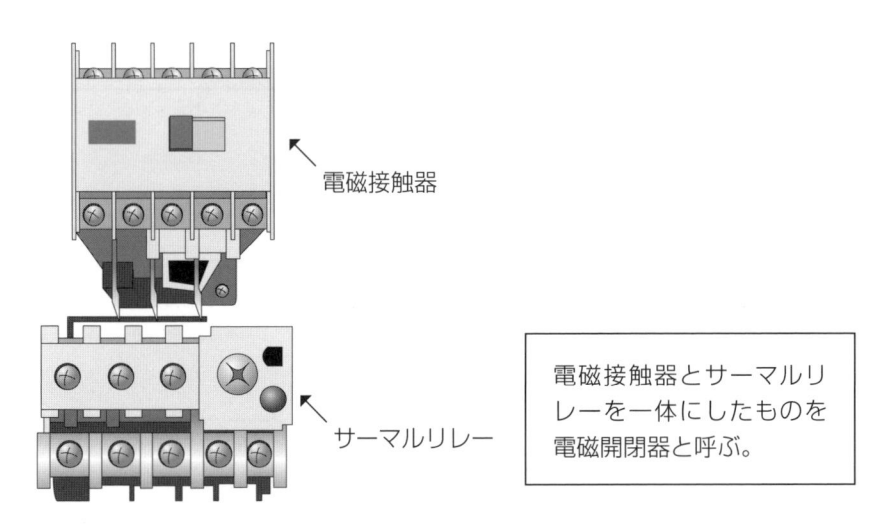

●図6.12　電磁開閉器

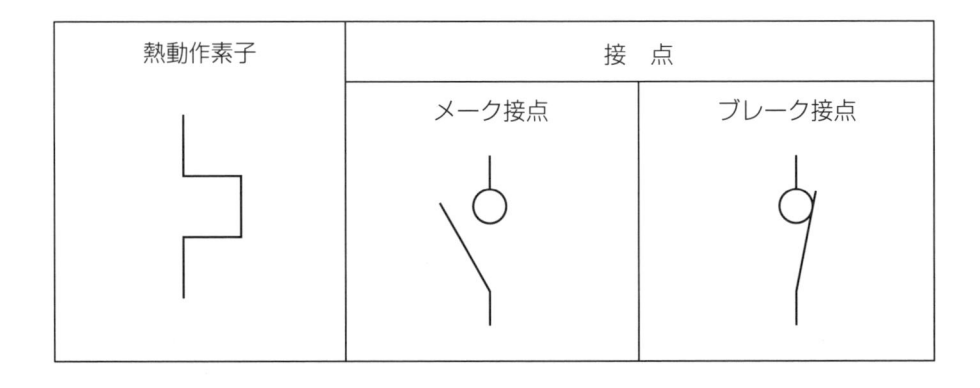

●図6.13　サーマルリレーの図記号

図6.14の回路は、電磁開閉器を使って三相誘導モータの運転、停止をする回路です。左側の三相交流電源から三相誘導モータへ至る部分を主回路と呼び、右側の電磁開閉器などを操作する部分を操作回路または制御回路と呼びます。

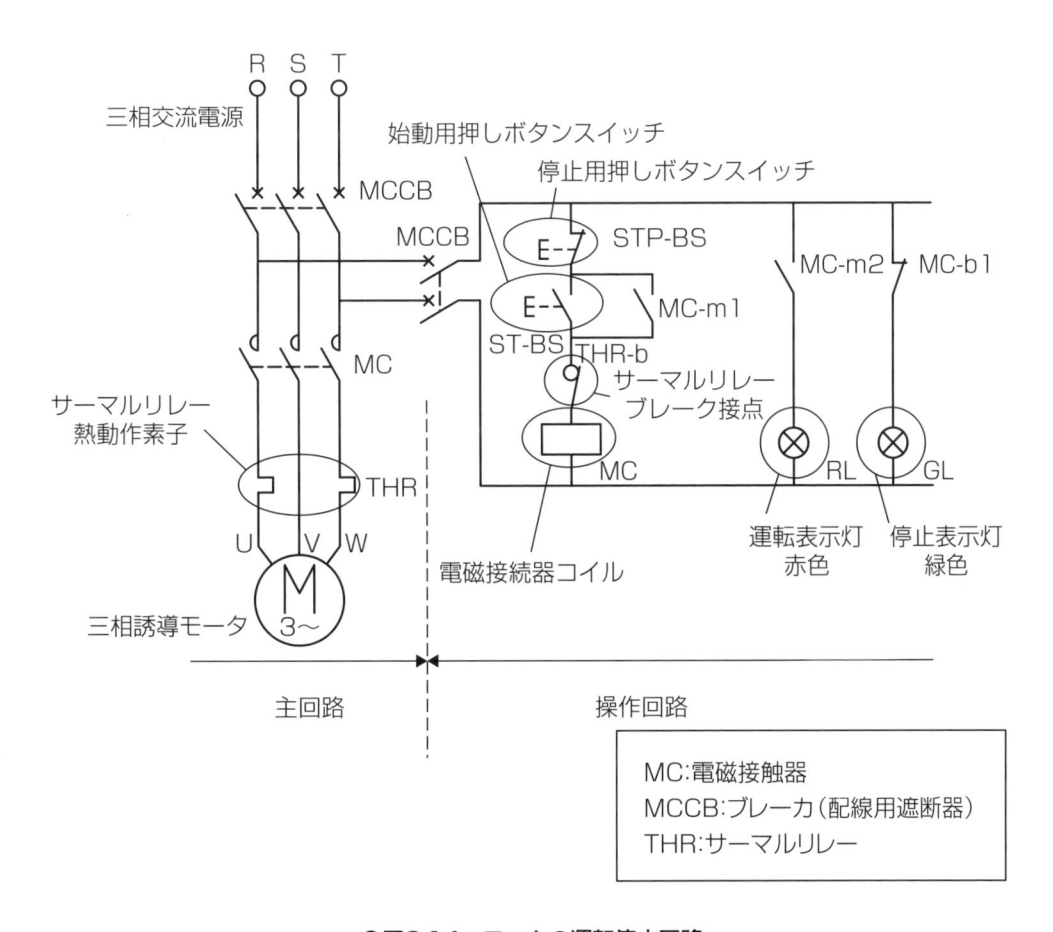

●図6.14　モータの運転停止回路

　この回路は、始動用押しボタンスイッチST-BSを押すと、電磁接触器MCが自己保持し、モータが始動、運転表示灯が点灯、そして停止表示灯が消灯します。停止用押しボタンボタンスイッチSTP-BSを押すと電磁接触器への電流が遮断され、停止状態になります。また、モータが過負荷状態になると、サーマルリレーの熱動作素子の働きでサーマルリレーのブレーク接点が開き、停止状態になります。

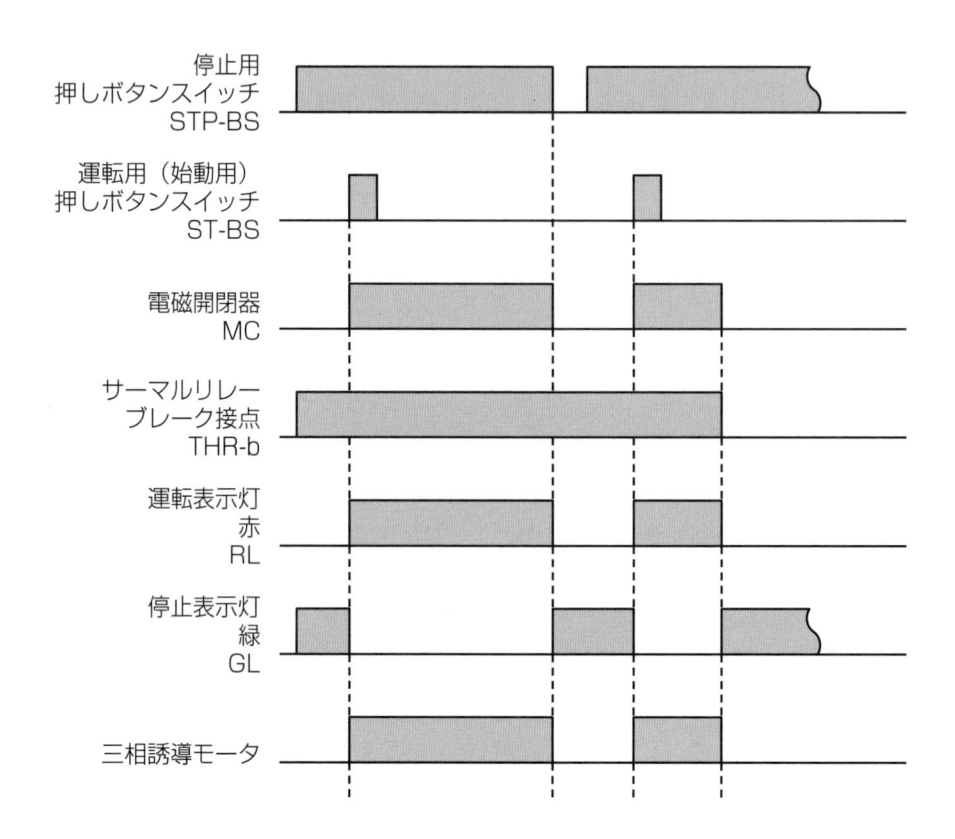

●図6.15　モータ運転停止回路のタイムチャート

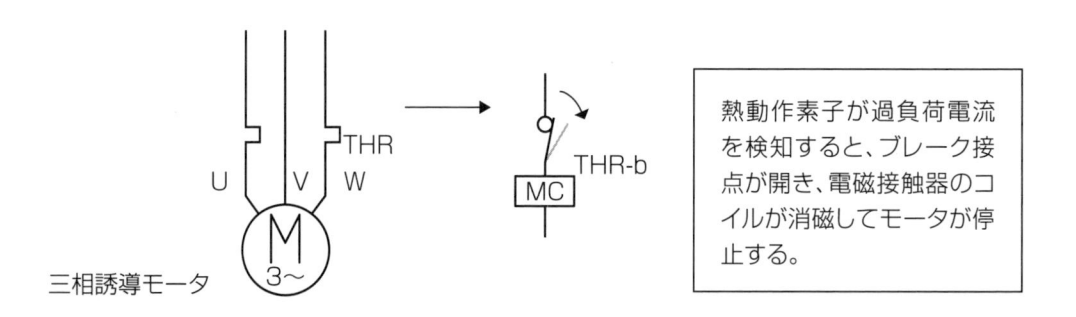

●図6.16　サーマルリレーの動作

熱動作素子が過負荷電流を検知すると、ブレーク接点が開き、電磁接触器のコイルが消磁してモータが停止する。

そして1週間後
業者の方の手によって
エレベータは
修理された

さあ
行きましょう

第6章 ● リレーシーケンスの基本回路　195

大丈夫ですか？

外…

うん

エスポワール…

このマンション
"希望"という
名前でしたね

…でも

私は何年も
希望というものを
見失っていました…

第6章●リレーシーケンスの基本回路　197

索引

数字

2位置制御 …………………………………53
2値信号 …………………………………121,138

アルファベット

AC ……………………………………………30
Alternating Current ……………………………30
AND回路 …………125,131,139,144,146
AND回路の真理値表 …………………125
ANSI ……………………………………130,143
arbeit …………………………………………23
a接点 …………………………………………23
break contact ……………………………24,32
BS ……………………………………………96,106
Button Switch ……………………………96,106
b接点 …………………………………………24
Cdsセル ………………………………………28
change-over contact ……………………25,32
COM …………………………………………33
common terminal …………………………33
c接点 …………………………………………25
DC ……………………………………………30
Direct Current ………………………………30
I動作 …………………………………………54
JEMA ………………………………………106
JEM規格 …………………………………106,108
JIS …………………………………………23,28

make contact ………………………………32
MC …………………………………………193
NAND回路 ………………………………141,146
normally closed contact …………………33
normally open contact …………………32
NOR回路 …………………………………141,147
NOT回路 …………………………………129,140
NOT回路の真理値表 ……………………129
on-off control ………………………………53
OR回路 …………126,131,139,144,147
OR回路の真理値表 ……………………127
parachute effect ……………………………70
PID動作 ………………………………………55
PI動作 …………………………………………54
ST ……………………………………………106
Start …………………………………………106
ST-BS ……………………………………97,106,193
STP-BS ……………………………………193
transfer contanct ……………………………33

ア　行

アーク放電 …………………………………34
アクチュエータ ……………………………64,78
位置検出用スイッチのJIS図記号 ………65
位置参照方式 ……………………………100,109
インタロック ………………………………186
インタロック回路 …………………159,168,186

インタロック接点	159	三相交流	166
エアコン	52	三相誘導モータ	169
エレベーター	49, 179	残留偏差	54
オームの法則	19	シーケンス図	92, 105, 111
押しボタンスイッチ	60, 185	シーケンス制御	7, 41, 49
押しボタンスイッチの接点図記号	75	時限制御	43, 50
オフセット	54	自己保持回路	152, 154, 186
オン/オフ制御	53	自己保持回路のタイムチャート	188
温度センサ	45	自動制御	14, 15, 22, 28, 49

カ 行

		自動点滅器	15, 16, 29
		始動用押しボタンスイッチ	193
回路	17	主回路	170
回路番号参照方式	100, 109	手動制御	14, 15, 22, 28
共通端子	33	瞬時動作限時復帰接点	71, 83
切換え接点	25, 32	瞬時動作限時復帰接点の図記号	84
区分参照方式	100, 109	順序制御	43, 52
検出用機器	78	順序動作回路	190
限時動作瞬時復帰接点	69, 71, 83, 84	条件制御	43, 51
限時動作瞬時復帰接点の図記号	84	条件成立	51
限定図記号	86	真理値表	121, 138
光電スイッチ	79	水位スイッチ	51
光電スイッチの図記号	80	スナップスイッチ	61
交流	19, 30	制御	14, 27
故障原因	114	制御回路	7, 17, 18, 30, 170, 193
コモン端子	33	制御操作用機器	80
		制御用機器	15

サ 行

		積分動作	54
		接続の表し方	98
サーマルリレー	192	接点	21
サーマルリレーの図記号	192		

セレクタスイッチ ……………………63,78
セレクタスイッチのJIS図記号 ………63,78
全自動洗濯機 ………………………43,49
操作回路 …………………………170,193
操作機構図記号 ………………………76

タ 行

タイマ ………………………………68,83
タイマの図記号 ………………………83
タイマの動作 …………………………69
タイマを表すJIS図記号 ………………69
タイマを使った時限動作回路 …………189
タイムスイッチ ………………………29
タイムチャート …………………163,187
縦描き …………………………94,105
端子記号 ……………………………109
タンブラスイッチ ……………………77
直流 …………………………………19
抵抗 …………………………………18
停止用押しボタンスイッチ ……………193
デジタル …………………118,120,138
デジタル回路 ………………………120
電圧 …………………………………18
電気回路 ……………………………17
電極 …………………………………21
電源 …………………………………18
電磁開閉器 …………………………192
電磁継電器 …………………………67
電磁接触器 ……………………67,193

電磁接触器を表すJIS図記号 ………67,82
電磁リレー …………………66,81,185
電磁リレーの構造 ……………………81
電磁リレーの図記号 …………………82
電流 …………………………………19
トグルスイッチ ………………………61,77
トグルスイッチ・タンブラスイッチの
接点図記号 …………………………77
トグルスイッチのJIS記号 ……………62
トランス ……………………………20
トランスファ接点 ……………………33

ナ 行

日本工業規格 …………………………23
日本電機工業会 ……………………105
熱動型過電流継電器 ………………192
ノーマリオープン接点 ………………32
ノーマリクローズ接点 ………………33

ハ 行

配線用遮断器 …………………………85
バイメタル …………………………22,28
パラシュート効果 ……………………70
否定論理積回路 ……………………141
否定論理和回路 ……………………141
微分動作 ……………………………55
表示灯 …………………………87,185
表示灯の図記号 ………………………87
比例積分動作 …………………………54

フィードバック制御	44,46,49,52
負荷	18,105
負荷抵抗	19
ブザー	88
ブレーク接点	24,32,33
閉回路	93
米国規格協会	130
ベル	88
ベル・ブザーの図記号	88

マ 行

マイクロスイッチ	64,65
マイクロスイッチ・リミットスイッチの接点図記号	79
無接点	123
命令用機器	75
メーク接点	23,32

ヤ 行

有接点	123
横描き	94,105

ラ 行

リミットスイッチ	65,78
論理回路	122,146
論理回路図記号	130
論理積回路	125,139
論理否定回路	129,140
論理和回路	126,139

<著者略歴>

藤瀧　和弘（ふじたき かずひろ）

東京都立職業能力開発センター非常勤講師
趣味で電気工事士技能試験の情報サイト
「かずわん先生の電気工事士技能試験教室」を運営
https://denkou-shiken.jp

<主な著書>

『マンガでわかる電気』（オーム社）
『図解入門よくわかる電気の基本としくみ』（秀和システム）
『図解入門よくわかるシーケンス制御の基本と仕組み』（秀和システム）
『一発合格第2種電気工事士技能試験公表問題』（電波新聞社）
『一発合格第2種電気工事士筆記試験予想問題集』（電波新聞社）
『ぜんぶ絵で見て覚える第2種電気工事士（筆記要点マスター）』（電波新聞社）
『「分解！」家電品を分解してみると！』（技術評論社）

●マンガ制作　　株式会社トレンド・プロ　TREND-PRO

マンガに関わるあらゆる制作物の企画・制作・編集を行う、1988年創業のプロダクション。
日本最大級の実績を誇る。

https://ad-manga.com

東京都港区西新橋1-6-21　NBF虎ノ門ビル3F
TEL: 03-3519-6769　FAX: 03-3519-6110

●シナリオ　　re_akino

●作　　画　　高山 ヤマ

●ＤＴＰ　　マッキーソフト株式会社

- 本書の内容に関する質問は、オーム社ホームページの「サポート」から、「お問合せ」の「書籍に関するお問合せ」をご参照いただくか、または書状にてオーム社編集局宛にお願いします。お受けできる質問は本書で紹介した内容に限らせていただきます。なお、電話での質問にはお答えできませんので、あらかじめご了承ください。
- 万一、落丁・乱丁の場合は、送料当社負担でお取替えいたします。当社販売課宛にお送りください。
- 本書の一部の複写複製を希望される場合は、本書扉裏を参照してください。

JCOPY ＜出版者著作権管理機構 委託出版物＞

マンガでわかるシーケンス制御

2008年10月25日　第1版第1刷発行
2025年 5月25日　第1版第17刷発行

著　者　藤瀧和弘
作　画　高山ヤマ
制　作　トレンド・プロ
発行者　髙田光明
発行所　株式会社オーム社
　　　　郵便番号　101-8460
　　　　東京都千代田区神田錦町3-1
　　　　電話　03(3233)0641(代表)
　　　　URL　https://www.ohmsha.co.jp/

© 藤瀧和弘・トレンド・プロ 2008

印刷・製本　壮光舎印刷
ISBN978-4-274-06735-8　Printed in Japan

「マンガでわかる」シリーズの好評関連書籍

マンガでわかる 電磁気学

身近な現象を題材に電磁気学をマンガで解説！

- 遠藤雅守／著
- 真西まり／作画
- トレンド・プロ／制作
- B5変・264頁
- 定価（本体2,200円【税別】）

マンガでわかる 電気設備

生活を取り巻く電気設備や動力設備、配管・配線、電気室などをマンガで表現！

- 五十嵐博一／著
- 笹岡悠瑠／作画
- ジーグレイプ／制作
- B5変・200頁
- 定価（本体2,200円【税別】）

マンガでわかる 電気数学

電気系の資格試験や回路図の問題を解く上で必要な高校数学をわかりやすく解説！

- 田中賢一／著
- 松下マイ／作画
- オフィスsawa／制作
- B5変・268頁
- 定価（本体2,200円【税別】）

マンガでわかる 電気

見えない電気をマンガで体感！

- 藤瀧和弘／著
- マツダ／作画
- トレンド・プロ／制作
- B5変・224頁
- 定価（本体1,900円【税別】）

もっと詳しい情報をお届けできます．
◎書店に商品がない場合または直接ご注文の場合も右記宛にご連絡ください．

ホームページ　https://www.ohmsha.co.jp/
TEL／FAX　TEL.03-3233-0643　FAX.03-3233-3440

（定価は変更される場合があります）

A-1806-151